中国数据中心冷却技术年度发展研究报告 2019

中国制冷学会数据中心冷却工作组　组织编写

U0391375

中国建筑工业出版社

图书在版编目（CIP）数据

中国数据中心冷却技术年度发展研究报告.2019/中
国制冷学会数据中心冷却工作组组织编写.—北京：中
国建筑工业出版社，2020.6
ISBN 978-7-112-25038-7

Ⅰ.①中… Ⅱ.①中… Ⅲ.①冷却-技术发展-研究
报告-中国-2019 Ⅳ.①TB6

中国版本图书馆 CIP 数据核字（2020）第 065568 号

责任编辑：张文胜
责任校对：张惠雯

中国数据中心冷却技术年度发展研究报告
2019
中国制冷学会数据中心冷却工作组　组织编写

*

中国建筑工业出版社出版、发行（北京海淀三里河路 9 号）
各地新华书店、建筑书店经销
北京鸿文瀚海文化传媒有限公司制版
天津翔远印刷有限公司印刷

*

开本：787×1092 毫米　1/16　印张：13　字数：321 千字
2020 年 6 月第一版　2020 年 6 月第一次印刷
定价：**50.00** 元
ISBN 978-7-112-25038-7
（35799）

编 写 人 员

第1章　陈焕新
1.1　陈焕新　谭时锴
1.2　陈焕新　唐小谦
1.3　李正飞　程亨达
1.4　李正飞　程亚豪

第2章　陈焕新
2.1　陈焕新　王誉舟
2.2　陈焕新　刘倩
2.3　李正飞　刘倩

第3章　诸凯
3.1　诸凯
3.2　魏杰
3.3　魏杰
3.4　魏杰
3.5　诸凯魏杰
3.6　魏杰诸凯
3.7　魏杰
3.8　魏杰
3.9　诸凯

第4章　李红霞
4.1　李红霞　程序　张弢
4.2　罗海亮　李印
4.3　肖后强　夏春华　马德

第5章　邵双全
5.1　邵双全
5.2　邵双全　余钦　谢晓云　才华　赵策
5.3　黄翔　田振武　金洋帆　谢晓云　才华　赵策
5.4　王飞

第 6 章　李　震
6.1　李　震
6.2　何智光　习浩楠
6.3　王建民　于谋川

第 7 章　张玉燕　郑竺凌
7.1　雷建军　谢　光
7.2　李程贵　侯晓雯　朱　林
7.3　窦海波　张晓辉　杨宜楠
7.4　宋晓昕　李国强
7.5　李　震　何智光

第 8 章　赵国君
8.1　董丽萍　张晓宁　王云鹏
8.2　吴延鹏

前　言

云计算、5G 移动通信、边缘计算、物联网、人工智能等产业迅猛发展带动数据中心持续高速增长的同时，IT 设备使用量和服务器密度与日俱增，这对数据中心的运载能力、节能能力等方面提出了更大的挑战！

旨在全面总结我国数据中心冷却技术的发展现状与趋势，中国制冷学会"数据中心冷却工作组"连续三年出版了《中国数据中心冷却技术年度发展研究报告》系列，备受业界关注，得到了同行的高度认可。为进一步总结数据中心冷却技术的发展现状，工作组再次组织国内外专家、学者及企业编写《中国数据中心冷却技术年度发展研究报告 2019》，此版报告吸收了前三版报告的精华之处，修正了存在的问题，更加全面地梳理了国内数据中心冷却的产业现状、发展趋势、技术热点、高效设备、相关政策等，以供产业界参考。

本书通过对我国当前数据中心冷却行业的相关调研，详细总结了我国数据中心的发展现状与趋势，对我国数据中心能耗进行了合理的预测。针对数据中心冷却系统能耗提出了综合 COP 评价指标，可以更加准确且全面地反映数据中心冷却系统的能效情况。液冷技术作为数据中心冷却技术的后起之秀，逐渐得到了广泛的应用，在本书的第 3 章中介绍了液冷及技术的基本理念、构成、应用与思辨。第 4 章和第 5 章是对前三版报告内容的升华，融合了前者的经典之处，并对空调空气冷却形式和冷源技术与设备作了全新的介绍。为了更全面地介绍数据中心冷却设备，本书新增了系统调试与故障分析章节，详细介绍了冷却系统的典型故障和调试方式。数据中心冷却工作组组织相关专家学者对我国数据中心运行维护案例进行了评选，并在此版报告中对典型高效冷却数据中心作了详细介绍，为相关企业提供了参考。此外，本书最后一章更新了国家及地方关于数据中心建设的相关政策走向。全书内容丰富详实，图文并茂，数据准确，为了解我国数据中心冷却技术发展状况和趋势提供了最新的具有较高参考价值的资料。

中国制冷学会数据中心冷却工作组成员单位对本书编写工作提供了大力支持与辛勤付出，在此表示衷心的感谢！

书中若有错漏之处，恳请读者批评与指正！

目　录

第 1 章   数据中心及数据中心冷却概况

1.1   我国数据中心发展现状

1.1.1   我国数据中心市场发展现状

互联网数据中心（Internet Data Center，IDC）起源于 20 世纪 90 年代中期，当时 IDC 存在的意义只是对大型主机进行维护和管理。随着进入到信息化发展的新阶段，云计算、大数据、物联网、人工智能、5G 移动通信等信息技术快速发展，同时传统产业也在经历数字化的转型，数据量呈现几何级增长，因此 IDC 流量和带宽也成指数增长。IDC 的发展由普通服务器机房向大规模数据中心演进。

据中国产业信息网《2018 年全球数据中心建设行业发展趋势及市场规模预测》指出，全球数据总量将从 2016 年的 16.1ZB 增长到 2025 年的 163ZB（约合 180 万亿 GB），十年 10 倍的增长，复合增长率为 26％（见图 1.1-1）。

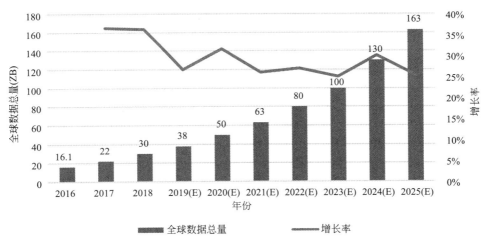

图 1.1-1   全球数据总量预测（2016～2025）

注：图中 E 表示预测值

2016 年到 2025 年，全球数据总量总体会平稳地增长，不过增速略有下降，从 2017 年的 35％左右下降到 2025 年的 25％左右。

数据量的快速增长使得数据中心的存在越来越重要，推动着数据中心的发展。同时也要求数据中心需要越来越强大的处理能力，使数据中心向大规模的方向发展。

据中国产业信息网《2018 年全球数据中心建设行业发展趋势及市场规模预测》指出，随着云计算的集中化趋势扩大，预计到 2020 年，超大规模数据中心的运算能力、数据存储量、数据传输量、服务器数量将分别占到全部数据中心的 68%、57%、53% 和 47%。

另外，华经情报网《2018 年全球及中国数据中心建设情况分析，互联网发展驱动 IDC 市场规模增长》指出，到 2021 年，超大规模数据中心的服务器安装量、公共云服务器安装量、公有云负载总量将分别占全部数量中心的 53%、85% 和 87%。到 2021 年，超大规模数据中心内部流量或将增加 4 倍，占所有 IDC 内部流量的 55%。

而在 2016 年，超大规模数据中心的数据运算能力占全部数据中心的 39%，数据储存量占全部数据中心的 49%，数据传输量占全部数据中心的 34%，服务器数量占全部数据中心的 21%。四年时间，数据运算能力占比增长了 29%，数据存储量占比增长了 8%，数据传输量占比增长了 19%，服务器数量占比增长了 26%（图 1.1-2）。超大规模数据中心的数据运算能力和服务器数量都有较大的增长，可以猜测是由于数据量增长及云计算的集中化趋势等原因导致。

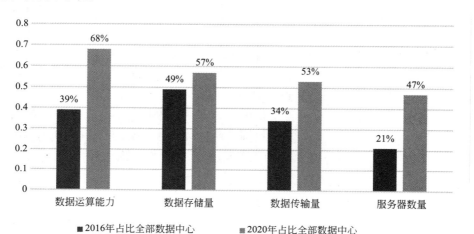

图 1.1-2　2016 年、2020 年超大规模数据中心规模对比

据《中国数据中心冷却技术年度发展研究报告 2018》指出，2015 年全球共建有 259 个超大型数据中心，其中将近 70% 的数据中心分布在欧美，29% 分布在亚太。到 2016 年 12 月，全球超大规模数据中心数量已近 300 个，45% 分布在美国，中国仅占 8% 的份额，日本、英国、澳大利亚、加拿大等的份额在 4%～7% 之间。

据中国产业信息网《2018 年全球数据中心建设行业发展趋势及市场规模预测》指出，2017 年超大规模数据中心新增 90 个，总量从 2016 年的近 300 家增加到 390 家。绝大多数超大规模数据中心仍位于美国，占比 44%；中国位居第二，占 8%；其次是日本和英国，分别占 6%；澳大利亚、德国紧随其后，占比 5%。2017 年底在建的项目有 69 个，按照目前的速度，到 2019 年年底全球超大规模数据中心的数量有望突破 500 个，2020 年有望突破 600 个，超大规模数据中心的市场规模也将从 2016 年的 202.4 亿美元增长到 2020 年的 490 亿美元，复合增长率为 24.7%。

从以上数据中可以得出，未来超大规模数据中心将在 IDC 数据的传输、存储、运算等方面发挥越来越重要的作用。

全球数据中心的市场规模一直呈现增长趋势。2017 年全球数据中心市场规模近 534.7 亿美元（仅包括数据中心基础设施租赁收入，不包括云服务等收入），相比 2016 年增长

18.3%，2018 年全球数据中心市场规模达到 630.4 亿美元，相比 2017 年增长 17.9%（图 1.1-3）。2016 年到 2018 年，全球数据中心市场规模的增长率一直保持在 18% 左右，可以预见，在未来几年，全球数据中心市场规模仍将平稳增长。

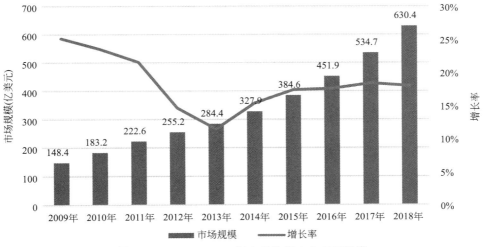

图 1.1-3　2009～2018 年全球数据中心市场规模

据前瞻产业研究院发布的《中国 IDC 行业市场前瞻与投资战略规划分析报告》指出，2017 年中国 IDC 市场总规模为 946.1 亿元，同比增长 32.4%。

据科智咨询（中国 IDC 圈）最新发布的《2018—2019 年中国 IDC 产业发展研究报告》显示，2018 年，中国 IDC 业务市场总规模达 1228 亿元，同比增长 29.8%，增速放缓 2.6个百分点，较 2017 年增长超过 280 亿元（图 1.1-4）。

中国的 IDC 市场规模也一直保持增长趋势，总体来说增速有所放缓，但是对比2009～2018 年全球数据中心的市场规模趋势，可以看到，在中国互联网行业的高速发展下，中国的 IDC 市场规模增速远高于全球平均水平。

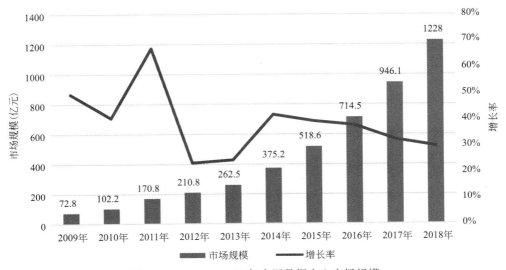

图 1.1-4　2009～2018 年中国数据中心市场规模

从行业上来看，IDC 业务可以分为传统 IDC 业务和云服务业务。根据 2015 年工信部发布《电信业务分类目录（2015 年版）》显示，传统 IDC 业务包括数据中心租赁、服务托管等，将互联网资源写作服务（IaaS 和 PaaS）纳入了 IDC 云服务业务。而在行业结构中，网络视频行业和电子商务行业 IDC 业务需求增长明显。

据前瞻经济学人《2018 年中国数据中心发展现状分析数量和规模双增长》指出，2017 年我国传统 IDC 业务收入为 512.8 亿元，占 IDC 全行业收入的 78.8%；云服务收入 137.6 亿元，占比 21.2%，比 2016 年提高 2.8%。随着"企业上云"行动实施，2018 年我国传统 IDC 业务收入占 IDC 全行业收入比重下降为 76.4%，而云服务收入占 IDC 全行业收入比重上升为 23.4%（图 1.1-5）。

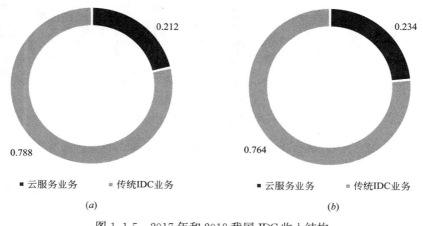

图 1.1-5　2017 年和 2018 我国 IDC 收入结构
（a）2017；（b）2018 年

可以预计，未来云服务收入在我国 IDC 业务收入中的占比会进一步增加，而传统 IDC 业务收入在我国 IDC 业务收入中的占比会进一步减少。由于受"互联网＋"、大数据战略、数字经济等国家政策指引以及移动互联网快速发展的驱动，我国 IDC 市场规模仍将快速增长，新一代信息技术，比如 5G、物联网、人工智能、VR/AR 等，将会对数据中心的发展产生重要影响。据《数据中心白皮书（2018 年）》指出，预计 2020 年我国 IDC 市场收入规模有望突破 1500 亿元。

据华经情报网《2018 年全球及中国数据中心建设情况分析，互联网发展驱动 IDC 市场规模增长》指出，如表 1.1-1 所示，目前市场上主要有三类公司在参与数据中心的建设，分别是运营商、规模较大的互联网企业和专门从事细分领域的数据中心第三方提供商。

运营商单个 IDC 机柜数量一般在 200～1000 个，全球主要企业有 Verizon、DT 等，中国主要企业有中国电信集团有限公司、中国移动通信集团有限公司、中国联合网络通信集团有限公司。

互联网企业单个 IDC 机柜数量一般在 4000～10000 个，全球主要企业有 Amazon、MS 等，中国主要企业有阿里巴巴、腾讯、华为等。

第三方 IDC 企业单个 IDC 机柜数量一般在 200～3000 个，全球主要企业有 DigitalRealty 等，中国主要企业有光环新网、万国数据、网宿科技等。

数据中心行业内三类企业对比　　　　　　　　　　　　　表 1.1-1

企业类型	单个 IDC 机柜数量	全球主要企业	中国主要企业
运营商	200～1000	Verizon、DT 等	中国电信、移动、联通
互联网企业	4000～10000	Amazon、MS 等	阿里巴巴、腾讯、华为
第三方 IDC 企业	200～3000	DigitalRealty 等	光环新网、万国数据、网宿科技

1.1.2　我国大规模数据中心区域分布情况

我国大规模数据中心区域分布大致有以下几个特点：

（1）我国数据中心的区域分布最主要的特点是广而不均

我国数据中心分布地非常广。我国幅员辽阔，大陆面积近 960 万平方公里。气候条件方面，我国自北向南跨越亚寒带、中温带、暖温带、亚热带、热带，黑龙江冬天最低温度能达到−40℃，而重庆夏季最高温度超过 40℃，气候环境变换巨大。另外也有各种各样的自然灾害，比如四川地震频发，沿海一带台风肆虐，但数据中心都能在这些地区建设起来。这些数据中心提高了当地人民的生活水平，也推动了经济发展。

而目前，我国数据中心的分布仍然严重不均。一个地区数据中心的数量依旧和该地区的经济发展程度成正相关的关系，并主要体现在大型及以上数据中心上。我国的大型数据中心主要还是集中在北京、上海、广东；新疆、西藏和青海等经济不发达地区目前还没有大型数据中心。究其原因，也就是一个地区的经济水平高低决定了建设数据中心的吸引力。经济水平越高，建设数据中心的吸引力就越强。

（2）数据中心的布局逐渐向发达地区的周边区域延伸

出现这一现象的原因是多方面的，其一是北上广等地区相继出台了相关的禁限政策；其二是在一线城市周边，相对于市内，土地更为充足、租金更低、电价成本更低，同时又因为靠近一线城市，可以通过拉光纤专线来解决带宽问题。

这一现象主要体现在互联网公司建设数据中心的选址方面。如表 1.1-2 所示，许多互联网公司倾向于在一线城市周边建设数据中心。比如阿里巴巴在张北县和南通市建设数据中心，百度在南京和阳泉建设数据中心。

上市公司数据中心分布　　　　　　　　　　　　　表 1.1-2

公司	机柜数	机房地点
宝信软件	20000	上海
万国	22000	北京、上海、深圳、广州等
数据港	8600	上海、杭州、张家口
光环新网	23000	北京、上海、河北
鹏博士	30000	北京、上海、广州等
网宿科技	7000	北京、上海、深圳、河北等
科华恒盛	10000	北京、上海、广州
奥飞数据	1500	广州、深圳、海南

（3）许多非一线城市地区的数据中心建设吸引力有所提高

这些地区的经济发展水平基本在全国经济发展的中等水平。在这些地区建设数据中心可以有效地减轻北京、上海和广州这三个城市的数据中心建设压力。

近年来，许多地方政府纷纷大力建设数据中心，为增强在当地建立数据中心的吸引力，出台了许多优惠的减税政策。地方政府主要引入运营商和第三方数据中心服务提供商，希望通过数据中心带动当地经济。

例如，四川就引入了中国联通和中国电信，建设了十几个大型数据中心，包括中国联通国家数据中心、中国电信四川成都第二枢纽中心、四川电信莲花枢纽中心、四川电信天府热线数据中心等；山东引入了中国联通，建设有山东青岛二枢纽数据中心、潍坊联通IDC数据中心、济南联通云数据中心、济南二枢纽数据中心等；浙江引入中国移动，建设有宁波移动 IDC、杭州移动三墩西湖科技园数据中心等。

第三方数据中心服务提供商方面，包括有武汉新软件数据中心、国际电联电信云计算数据中心（河南）、企业在线商务京东数据中心（河北）、浙江绿谷云数据中心等。这些第三方数据中心也可以向外提供机房和机柜租赁业务，对于运营商是一个有益补充。

（4）欠发达地区，比如西北、西南等地区，数据中心市场也在逐步发展起来。近年来，西部的一些地区建立了几个超大型的数据中心。数据中心市场的发展可以有效地改善当地信息发展水平。

欠发达的西部地区发展数据中心主要促进因素包括：政策因素、西部地区电价和土地价格更便宜、西部地区具有可再生资源方面的优势。

不过，西部地区数据中心的发展仍然存在一些问题，比如西部地区的科技发展相对较为滞后。一方面高科技产业不发达，另一方面相关的技术、管理人才也相对较少。

另外，西部地区数据中心的发展还存在网络资源匮乏的问题。这严重限制了数据中心客户的进入。数据中心由大型存储服务器和通信设备组成，它用于企业在线存储海量数据。它需要高速，可靠的内部和外部网络环境。而目前，西部地区所提供的网络环境仍然较差，宽带跟不上，网速较慢，网络稳定性较差。

《点亮绿色云端——中国数据中心能耗与可再生能源使用潜力研究》以各地区 GDP 数据及浙江省发布的数据中心数量并结合不同规模数据中心的占比，对中国各地区大型及以上规模、大型以下规模数据中心现状进行了估算，各省市大型及以上数据中心分布比例见图 1.1-6。

可以看到，广东、上海和北京三个地区仍然是大型及以上规模数据中心的主要分布的地区。大型及以上规模数据中心的比例分别为 20.8%、12.8% 和 9.6%。比例排序紧随其后的是内蒙古、浙江、江苏、贵州，大型及以上规模数据中心在内蒙古的数量占到了全国的 8%，贵州也占到了 4.8%。因此，数据中心的建设在中部地区、西部地区也有了不错的发展。

根据《点亮绿色云端——中国数据中心能耗与可再生能源使用潜力研究》对各地区数据中心机架数的统计，各主要地区数据中心能耗如图 1.1-7 所示：

从该图可以得到以下几点结论：

1）广东、上海、北京三地的数据中心能耗在全国领先，特别是广东，数据中心的能耗远远超过其他数据中心发展较差的地区。

2）内蒙古的大型及超大型数据中心的能耗排在第 5，说明西北地区的数据中心也有了

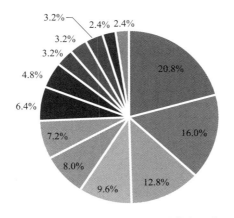

图 1.1-6　2018 年中国大规模数据中心区域分布情况

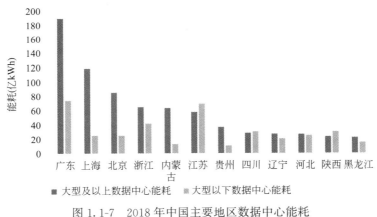

图 1.1-7　2018 年中国主要地区数据中心能耗

不错的发展。

　　3）在所有的省市中，基本上大型及超大型数据中心的能耗总量都会大于中小型数据中心的能耗总量，除了江苏、四川、陕西。这说明在江苏等地，中小型数据中心的市场要大于大型及超大型数据中心的市场。

　　4）在经济发达的北京和上海，中小型数据中心的市场却相对于广东、浙江、江苏等地较小，可能是由于上海和北京的行政面积、人口、产业规划、政策等多方面的因素导致。

　　工信部信息通信发展司《全国数据中心应用发展指引（2018）》给出了北京及周边地区、上海及周边地区、广州及周边地区、中部地区、西部地区和东北地区这 6 个地区在2016 年的在用机架数、2017 年的在用机架数、2018 年的可用机架数以及 2019 年的预测可用机架数，数据如图 1.1-8 所示。

　　这里，全国六个地区包含的省市、自治区是指：

　　北京及周边地区包括北京、天津、河北、内蒙古；

7

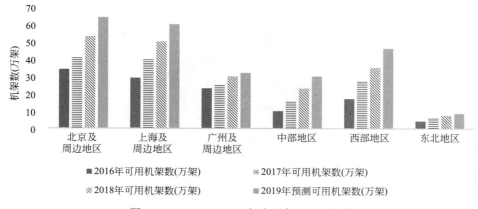

图 1.1-8　2016～2019 年全国各地区机架数

上海及周边地区包括上海、浙江、江苏；

广州及周边地区包括广东、福建；

中部地区包括安徽、湖北、湖南、河南、江西、山西；

西部地区包括广西、宁夏、新疆、青海、陕西、甘肃、四川、西藏、贵州、云南、重庆；

东北地区包括黑龙江、吉林、辽宁；

从图 1.1-8 中可以看出，全国各地区的机架数都有所增长。其中，北京及周边地区、上海及周边地区继续保持较快的增长速度，西部地区由于一系列的优势，数据中心的发展也相当可观。相比来说，广州及周边地区的数据中心发展似乎达到了饱和，增长较慢。中部地区数据中心发展也较快，大有超过广州及周边地区的趋势。

1.1.3　我国数据中心新建数量、规模及态势分析

据《全国数据中心应用发展指引（2017）》指出，截至 2016 年底，我国在用数据中心共计 1641 个。据中国信通院《数据中心白皮书（2018 年）》指出，到 2017 年底，我国在用数据中心总体数量达到 1844 个。2016 年到 2017 年增长个数为 203 个。由于近几年我国的数据中心市场一直稳步发展，按照 2018 年数据中心新建数量仍为 203 个计算，可以估计截至 2018 年，我国在用数据中心总体数量为 2047 个左右。

根据工业和信息化部信息通信发展司发布的 2018 年度《全国数据中心应用发展指引》，截至 2016 年底，我国在用数据中心的机架总规模达到了 124 万架（实际为 124.4 万架，这里四舍五入），规划在建的数据中心的机架总规模达到了 125 万架。截至 2017 年年底，我国在用数据中心的机架总规模达到了 166 万架，规划在建的数据中心的机架总规模达到了 107 万架。

根据图 1.1-9 对 2018～2019 年我国数据中心规模区域分布及增长趋势的分析（数据来源于工业和信息化部信息通信发展司发布的 2018 年度《全国数据中心应用发展指引》），将全国 6 个地区的测算可用机架数相加可得，2018 年全国 6 个地区在用数据中心的机架总规模达到了 204.2 万架，但是这 6 个地区并没有包括山东和海南。另根据中国信通院的统计数据，2018 年国内数据中心机架数将超过 210 万架。由此，估算 2018 年国内

数据中心机架数约为 210 万架基本合理，并可得 2016～2018 年我国在用数据中心规模。

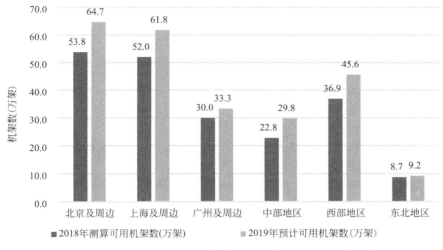

图 1.1-9　2018～2019 年我国数据中心规模区域分布及增长趋势

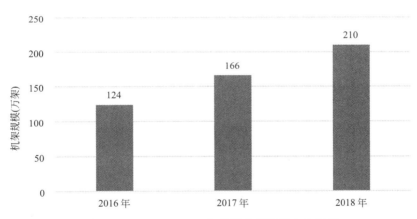

图 1.1-10　2016～2019 年我国在用数据中心规模

　　如图 1.1-10 所示，近几年我国的数据中心规模一直稳步增长。2017 年新增 42 万架，2018 年新增 44 万架。预计未来数据中心规模仍将保持稳步增长的趋势。

　　根据工业和信息化部发布的《全国数据中心应用发展指引》，截至 2016 年，全国中小型数据中心机架数为 75.1 万架，大型数据中心机架数为 35.2 万架，超大型数据中心机架数为 14.1 万架；截至 2017 年，全国数据中心中小型数据中心机架数为 83.2 万架，大型数据中心机架数为 54.5 万架，超大型数据中心 28.3 万架。又根据中国信通院的统计数据，大型和超大型数据中心总机架数超过中小型数据中心机架数。以下根据 2016 年、2017 年三种不同规模的数据中心的机架总数合理推测 2018 年三种不同规模的数据中心的机架总数。

　　2017 年相较 2016 年，数据中心规模总增长为 41.6 万架，其中，中小型数据中心规模增长 8.1 万架，大型和超大型数据中心规模分别增长 19.3 万架和 14.2 万架。由于我国数据中心往大规模方向发展，可以估计，2018 年中小型数据中心规模的增长应该也只保持在 8 万架左右。而 2018 年规模总增长为 44 万架，因此大型和超大型数据中心的规模增长为 36 万架，根据 2017 年大型和超大型的数据中心的增长规模的比例，求得 2018 年大型和超大型的数据中心的增长规模分别为 20.7 万架、15.3 万架。由增长数量，可以求得截至 2018 年全国中小型数据中心机架数为 91.2 万架，大型数据中心机架数为 75.2 万架，超大型数据中心机架数为 43.6 万架。如图 1.1-11 所示。

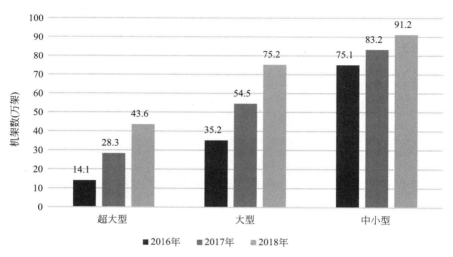

图 1.1-11　2016～2018 年我国三种规模数据中心的机架数

我国数据中心规模的发展态势，总的来说，我国数据中心往大规模方向发展，大型和超大型数据中心的增长占主要部分。其中的原因是多方面的，主要包括信息产业的发展使得数据量飞速地增长，还有云计算的集中化趋势扩大等原因，造成数据中心所需要的服务器数量快速增长，并且推动了数据中心的数据处理能力的增长以及数据中心网络不断向大带宽低时延方向演进。可以预计，未来大型和超大型数据中心将在 IDC 数据、流量及处理能力方面发挥越来越重要的作用。

据前瞻经济学人《2018 年中国数据中心发展现状分析》指出，截至 2017 年年底，我国超大型数据中心上架率为 34.4%，大型数据中心上架率为 54.87%，与 2016 年相比均提高 5% 左右，全国数据中心总体平均上架率为 52.84%。

另外《数据中心深度报告：IDC 投资快速增长，坚定看好 2 个核心标的》一文中提到，截至 2016 年底，我国超大型数据中心上架率为 29.01%，大型数据中心上架率为 50.16%，全国数据中心总体平均上架率为 50.69%。可以看到，超大型和大型数据中心的上架率与 2017 年相比分别相差 5.39% 和 4.71%，与相差 5% 左右这一说法基本吻合，可以认为这个数据是合理的。

再根据上架率的增长率推出 2018 年数据中心的上架率。2016 年到 2017 年，全国数据中心总体平均上架率增长 2.15%，按照这个增长率，2018 年全国数据中心总体平均上架率应该为 54.99%，超大型和大型数据中心的上架率应该分别为 39.79% 和 59.58%（图 1.1-12）。

超大型数据中心的上架率比全国总体水平低了 15%～20%，所以超大型数据中心的利用率还有很大的发展空间，不过超大型数据中心的上架率增长还是比较快的；而大型数据

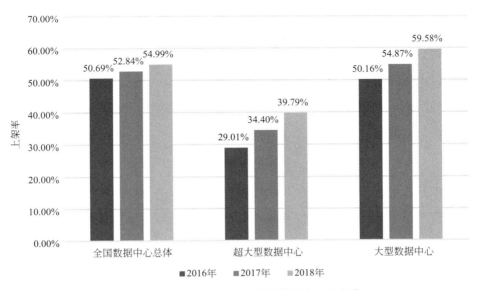

图 1.1-12　2016～2018 年我国数据中心上架率

中心的上架率比全国总体水平要高一些，说明大型数据中心的利用率还是比较好的。

在地域分布上，除北上广深等一线城市，河南、浙江、江西、四川、天津等地区上架率提升到 60% 以上，西部地区多个省份上架率由 15% 提升到 30% 以上（根据《2018 年中国数据中心发展现状分析》）。由此看来，我国数据中心上架率仍可进一步提高，不过还是在往平衡的方向发展的。

1.2　我国数据中心发展趋势

2018 年互联网产业继续保持高速发展，通信业发展蓬勃迅速。国家运行监测协调局统计数据显示，2018 年我国规模以上互联网和相关企业业务收入达到 9562 亿元，相比去年增长 20.3%。核心一线城市增长迅速，大部分地区继续保持良好增长态势。互联网业务收入前三位的广东、上海、北京，分别增长 26.5%、20% 和 25.2%。截至 12 月底，我国互联网企业的服务器数量达 141 万台，相比 2017 年增长 31.8%。互联网数据中心业务完成收入 158 亿元，相比 2017 年增长 8.0%。互联网接入业务完成收入 146 亿元，相比 2017 年下降 11.8%。据中国信息通信研究院统计，2018 年我国电信业务总量达到 65556 亿元（按照 2015 年不变单价计算），相比 2017 年增长 137.9%，增速同比提高 61.2%。电信业务收入累计完成 13010 亿元，相比 2017 年增长 3.0%。

物联网、云计算、人工智能、区块链、大数据、5G 等产业的迅速发展使得 IT 设备使用量和服务器密度与日俱增，数据中心产业规模高速增长。人工智能、5G、物联网等新兴技术不断地涌现和快速发展，对数据中心的运载能力、节能能力等方面提出了更大的挑战，使得数据中心产业布局逐步优化，能效水平总体提升。建设高效节能的数据中心，已成为未来绿色发展的主要方向和趋势，企业也越来越重视数据中心的能耗问题以及增加空间容量使用，不断有优秀的绿色数据中心涌现，大型和超大型数据中心所占到的比例也逐年升高。

1.2.1 我国数据中心规模和数量增长迅速

2013 年，工业和信息化部、国家发展改革委、国土资源部、国家电力监管委员会、国家能源局共同出台的《关于数据中心建设布局的指导意见》（简称《意见》）指出，将数据中心按大小规模划分为超大型、大型、中小型三个类别，以推进数据中心产业合理发展和布局。

《意见》中按照标准机架数量和功率对数据中心规模的分类（此处以标准机架为换算单位，以功率为 2.5kW 为一个标准机架），如表 1.2-1 所示。《意见》将标准机架数量转化为标准机架功率作为判断数据中心规模的标准，标准机架功率小于 7500kW 的数据中心被称为中小型数据中心，标准机架功率处于 7500kW 与 25000kW 的数据中心分类为大型数据中心，标准机架功率大于或等于 25000kW 的数据中心为超大型数据中心。

按照标准机架数量和机架功率对数据中心规模的分类　　　　　表 1.2-1

类别	超大型	大型	中小型
标准机架数量	≥10000	3000～10000	＜3000
标准机架功率(kW)	≥25000	7500～25000	＜7500

截至 2017 年年底，我国数据中心总机架数达到 166 万架，规划在建 107 万架，其中大型、超大型数据中心为增长主力，同比 2016 年的 124.4 万架，增长 41.6 万架（来源：中国信息通信研究院和开放数据中心委员会），根据工信部发布的《全国数据中心应用发展指引》，2016 年全国中小型数据中心机架数为 75.1 万架，大型数据中心机架数为 35.2 万架，超大型数据中心机架数为 14.1 万架；2017 年全国中小型数据中心机架数为 83.2 万架，大型数据中心机架数为 54.5 万架，超大型数据中心机架数为 28.3 万架。可以发现，大型及超大型数据中心机架数的增长速率远远超过了中小型数据中心。根据中国信息通信研究院统计数据，2018 年国内数据中心机架数将超过 210 万架，大型和超大型数据中心总机架数将超过中小型数据中心机架数。

近几年，随着 5G 的快速发展，网络服务提供商和运营商开始部署下一代网络设备。5G 技术的到来意味着更快、更密集的数据流，这一技术也将推动对数据中心容量更大的需求，届时 5G 将成为数据中心行业发展的主要驱动力。5G 网络通信可能意味着用户对大型和超大型数据中心的需求逐渐放缓，取而代之的是更靠近网络塔台的本地数据中心，而这些数据中心以中小型数据中心居多，但对于中小型数据中心来说，随着数据量的大幅增加，处理边缘数据所需的数据中心将无法满足 5G 的需求。因此，5G 通信的到来使得大型和超大型数据中心的建设增速可能会放缓，但对中小型数据中心的需求可能会越来越大，这可能会使得中小型数据中心机架数的增速有所回升。

数据中心的迅速发展和其数量规模的不断壮大也引起了巨大的能源消耗。图 1.2-1 为 2014～2019 年全国数据中心耗电量。根据工业和信息化部的数据，2014 年我国数据中心年耗电量约为 829 亿 kWh，占全国总用电量的 1.5%；2015 年我国数据中心电力消耗达到 1000 亿 kWh，相当于三峡水电站的年发电总量；2016 年我国数据中心年耗电量超过 1108

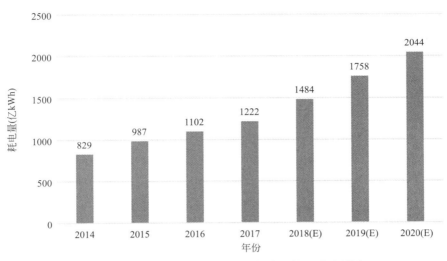

图 1.2-1　2014～2020 年全国数据中心耗电量及预测
注：图中 E 表示预测值

亿 kWh，占全国总用电量的 2％ 左右，和农业的总耗电量相当；2017 年达到 1250 亿 kWh，这个数字超过了三峡大坝 2017 年全年发电量（976.05 亿 kWh）和葛洲坝电厂发电量（2017 年葛洲坝电厂发电量为 190.5 亿 kWh）之和。

对于 2018 年、2019 年、2020 年数据中心的总能耗预测基于以下假定：据中国信息通信研究院统计数据显示，2018 年国内数据中心机架数将超过 210 万架，而《点亮绿色云端：中国数据中心能耗与可再生能源使用潜力研究》报告的数据显示，中国在用数据中心总机架数预计达到 271.06 万个（增长率达 63.25％）。根据《数据中心白皮书 2018》数据显示，2016 年底中国在用数据中心机架总体规模达到 124.4 万架，2017 年底中国在用数据中心机架总体规模达到 166 万架（增长率达 33.44％），规划在建数据中心规模 107 万架，以上报告中所预计的数据显然不合理，取 2018 年机架数为 210 万架（增长率为 26.5％，较为合理）。数据中心总机架数保持平稳增长，分别取 2019 年、2020 年全国数据中心总机架数为 256 万架（新增 46 万架）、304 万架（新增 48 万架）。随着上架率的提高，以及数据中心单机架的算力逐渐提升，致使单机架功率升高，假定未来新建数据中心中大型及以上数据中心单机架功率为 6kW（略高于目前的 5kW），大型以下数据中心单机架功率为 2kW，结合以上分析，设 2019 年、2020 年新增数据中心平均 PUE 为 1.42，单机架平均功率为 4.8kW，单机架能耗为每年 4.2 万 kWh。根据前述假定大致估算，2019 年、2020 年数据中心总能耗值分别为 1758 亿 kWh、2044 亿 kWh。中国电子技术标准化研究院发布的《绿色数据中心白皮书》中对我国 2020 年数据中心总能耗的预测为 2023.7 亿 kWh，误差为 20.3 亿 kWh，基本合理。

1.2.2　我国数据中心能耗效率不断提高

根据《"十三五"国家信息化规划》，到 2018 年，新建大型云计算数据中心能耗效率（PUE）值降至 1.5 以下，图 1.2-2 为全国数据中心 PUE 情况（数据来源于工信部信息通信发展司），到 2020 年，信息通信网络全面应用节能减排技术，淘汰老旧的高能耗通信设备，实现高效节能的目标。新建大型、超大型数据中心 *PUE* 值不高于 1.4，从而实现单位电信业务总量能耗与 2015 年底相比下降 10%，通信业能耗达到国际先进水平，全面推进电信基础设施建设绿色发展。截至 2017 年底，随着上架率的提高，全国在用超大型数据中心平均运行 *PUE* 为 1.63；大型数据中心平均 *PUE* 为 1.54，最高水平达到 1.2 左右。2018 年，超大型数据中心平均设计 *PUE* 为 1.41，大型数据中心平均 *PUE* 为 1.48，预计未来几年仍将进一步降低。

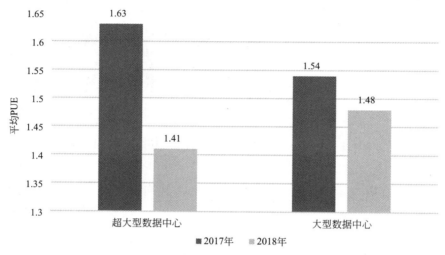

图 1.2-2　2017 年、2018 年全国数据中心 *PUE* 情况

　　"绿色计算"已成为当下 IT 基础设施的建设潮流。早在 2012 年，中科曙光便在"多元技术融合""计算提效升级"等方面投入大量研发资源。如今，中科曙光已实现国内首个"冷板式液冷服务器""浸没式液冷服务器"的大规模应用项目落地，中科曙光采用的"相变液冷"技术的服务器产品，*PUE* 值可降到 1.05 以下，处于世界领先水平。国内数据中心不断创新绿色节能应用，多个数据中心获得 TGG（绿色网格）与开放数据中心委员会联合认证的 5A 级绿色数据中心。如 2018 年阿里巴巴张北云联数据中心采用阿里云自主研发的飞天操作系统，采用电能限制管理等方式，提高 IT 设备效率。制冷系统采用无架空地板弥散送风、热通道密闭吊顶回风、预制热通道密闭框架、自然冷源最大化利用等技术。供配电采用一路市电＋一路 240V 直流的供电方式，结合预制模块化，高效供电架构的设计减少了配电环节的能源消耗，提升能源效率，实现年均 *PUE*＝1.23。图 1.2-3 为阿里液冷服务器集群，*PUE* 可逼近理论极限值 1.0。

　　市场研究机构 IDC 在"中国首届绿色计算高峰论坛暨绿色计算应用成果发布会"发布了《2019 中国企业绿色计算与可持续发展研究报告》，报告调查了 200 多家大型企业，其中超过 50% 的企业已大规模部署并使用模块化数据中心、液体冷却等"绿色计算"技术。表 1.2-2 为受访企业数据中心的 *PUE* 值情况，可以发现中国企业数据中心 *PUE* 值有明显降低。*PUE* 值大于 2.0 的企业从 2012 年的 34.6% 下降到 2019 年的 2%，而 *PUE* 值小于 1.5 的企业从 3.7% 上升到 12.9%。但依然有 85% 的受访企业数据中心的 *PUE* 在 1.5～2.0 之间，未来仍有很大的提升空间。

图 1.2-3 阿里液冷服务器集群

我国企业能效管理调查受访企业数据中心的 *PUE* 值 表 1.2-2

PUE	2012 年	2015 年	2019 年
<1.5	3.7%	8.1%	12.9%
1.5~1.8	23.4%	29.5%	39.1%
1.8~2.0	38.3%	37.2%	46%
>2.0	34.6%	25.2%	2%

1.2.3 数据中心产业由中心城市向中西部地区转移

我国大部分数据中心集中建在经济、科技发达的长三角、珠三角、京津冀、渤海湾等地区，这是我国数据中心空间分布最大的特点。信息化的高速发展使得对数据中心的需求增长过快，这大大加重了对这些地区的供电压力以及用地紧张的情况，影响城市的建设与发展。因此在广东、上海、北京为代表的数据中心分布最密集的东部地区，已经相继出台了限制新建数据中心 PUE 值的政策要求。限制数据中心规模和数量的同时，可再生能源应用情况也应成为新建数据中心的重要考核标准。2013 年政府发布《关于数据中心建设布局的指导意见》，鼓励数据中心向自然条件优越的地区发展，以降低建设和运营成本。2018 年工信部发布《全国数据中心应用发展指引》，我国数据中心总体布局逐渐趋于完善，新建数据中心，尤其是大型、超大型数据中心逐渐向西北地区以及一线城市周围地区转移。

我国数据中心布局逐渐趋于完善，西部地区数据中心占比逐步提升，截至 2017 年底，西部地区数据中心机架数占比由 2016 年的 20% 提高到 22%，截止 2017 年底，北京、上海、广东三个数据中心聚集区的机架数占比由 2016 年的 42% 降低到 37%。但受用户需求、网络条件等因素影响，新建数据中心仍趋向于东部地区。超大型数据中心上架率为 34.4%，大型数据中心上架率达 54.87%。随着周边地区数据中心的快速发展，北京、上海、广州、深圳一线城市数据中心紧张问题逐步缓解，除了北上广深等一线城市，河南、江西、浙江、四川、天津等地区上架率均提高到 60％以上。西部地区多个省份上架率由 15％上升到 30％左右，但与全国数据中心总体上架率 52.84％相比仍有较大差距。

图 1.1-6 显示了各省市大型及大型以上数据中心分布比例，除了广东、上海、北京等地区占比较高外，内蒙古、贵州等内陆区域也占了很大的比例，西北地区近几年来成为各大运营商、互联网公司等数据中心的重点开发之处。当地政府把推动大数据与实体经济深度融合，大力鼓励发展数据中心产业，开展大数据战略行动。电信、移动、联通三大运营商和华为、腾讯、阿里巴巴等很多有行业影响力的公司在新疆、陕西、宁夏等西北地区投资建设了一批数据中心。

内蒙古、宁夏、贵州等区域自然气候独特，可再生能源丰富，地方政府充分利用当地资源与气候优势，支持数据中心产业发展，出台了一系列有利于数据中心发展的政策，如 2018 年 6 月贵州发布《贵州省数据中心绿色化专项行动方案》，科学规划和严格把关数据中心项目建设，加强产业政策引导，推动数据中心持续健康发展，使新建数据中心能效值（$PUE/EEUE$）低于 1.4。同时部分地区也已经开展了一定程度的可再生能源市场化交易的试点，在促进本地消纳的同时，降低了用户采购电力的成本。因此，综合考虑气候、用电成本、可再生能源的应用潜力等因素，内蒙古、宁夏、贵州为代表的西部省份有望成为新建数据中心选址的热门地区。如 2018 年中旬，腾讯在贵州省贵安新区兴建的腾讯贵安七星数据中心开启试运行，该数据中心用地面积 52 万 m²，隧洞面积 3 万 m²，建设投资近 100 亿元，应用腾讯自主研发的 T-block 技术，实现快速拼装、节能绿色的目标。根据 2016 年 4 月 26 日工信部电信研究院测量，T-block 最小 $PUE \approx 1.0955$，比国内其他主流数据中心节能 30％。腾讯七星数据中心是一个特高等级绿色高效灾备数据中心，未来将用于存储腾讯最核心的大数据。贵州有着得天独厚的自然条件，企业充分利用了贵州水利能源的优势，打造出高安全等级、高绿色的数据中心。

数据中心向中西部地区转移的过程中也存在诸多的问题，比如部分西部上架率相较于北上广深较低，空置资源主要集中于中西部地区。究其原因首要还是客户需求不足，用户更多集中在东部地区。因此中西部在规划建设数据中心时，应充分考虑市场需求，不可盲目。另一方面，政府也应加强扶持智慧教育、智慧医疗、智慧交通等建设和落地，带动当地数据中心的需求。

1.2.4 在网登记部分数据中心统计分析

为进一步了解我国数据中心发展的现状以及未来的发展趋势，本次测评统计了某网站登记的 557 个数据中心的基本情况，通过数据分析，评估了各个数据中心的工作的基本状况。

如图 1.2-4 所示，所统计的数据中心中三大运营商占到了 61％，民营自建的数据中心为 37％，也占到了很大的比例，说明三大运营商是数据中心的主要建设方，民营自建数据中心中，互联网企业占大多数。在新常态下，我国提出"互联网＋"和"中国制造 2025"等战略，推动传统行业电子商务和移动互联网等行业保持稳定增长，这些领域的客户需求增长拉动了我国数据中心市场的发展。2018 年我国启动了"网络强国建设三年行动"，主要围绕城市和农村宽带提速、5G 网络部署、下一代互联网部署等领域，加大网络基础设

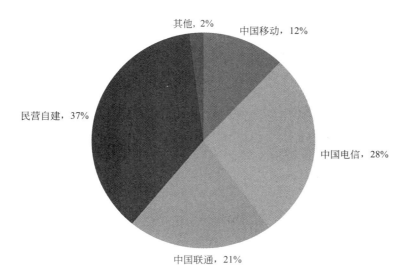

图 1.2-4　所统计数据中心所属运营商

施建设力度。更全面的网络覆盖和更低的网络延时将进一步提升网民的用户体验，为数据中心市场的发展带来新的业务增长点，企业纷纷加强数据中心的建设，为打造云服务提供支持。

如图 1.2-5 所示，统计的数据中心中，机架数 3000 以下的数据中心占到总量的 85%，根据表 1.2-1 的分类标准，中小型数据中心占绝大多数，而这些中小型数据中心大部分分布在一线城市，主要因素是一线城市市场需求大，中小型数据中心可灵活部署来满足市场，而大型、超大型数据中心大部分分布在内陆、北方等地区，主要是由于内陆城市地价、电价相对较低，负荷小，而且较好的气候条件有利于大型、超大型数据中心的冷却，节约成本。可以预见在未来互联网企业不断兴起的时代，内陆地区大型、超大型数据中心的比例会进一步上升。

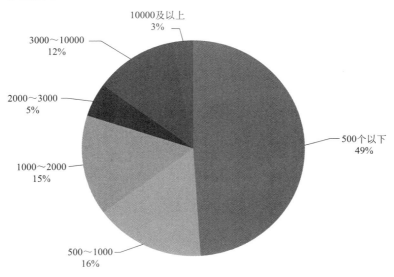

图 1.2-5　数据中心机架数分布

由图 1.2-6 可以看出调查样本数据中心的区域分布情况，我国目前大部分数据中心仍主要分布在北、上、广、深等一线城市，占比达 37.6%，但在图中可以发现另一个规律，那就是在这些一线城市的周围，如江苏、山东、浙江等省份数据中心也占到了很大一部分的份额。数据中心向一线城市周围地区迁移的趋势，原因是多方面的，一方面一线城市信息化程度高，市场有足够的信息需求度和资源就绪度，对数据中心需求最旺盛，而在中心一线城市数据中心已经较为饱和，增长过快的数据中心需求加重了这些地区的供电压力，提高了运营成本，而且还会加重中心城市负荷，造成城市热岛效应，影响城市的建设和发展。另一方面周围城市地价、电价相对便宜，运营成本较低，而且与一线城市相距不远，高校资源充足，不乏高新技术科技人才。这使得数据中心的发展向一线城市周围扩散。

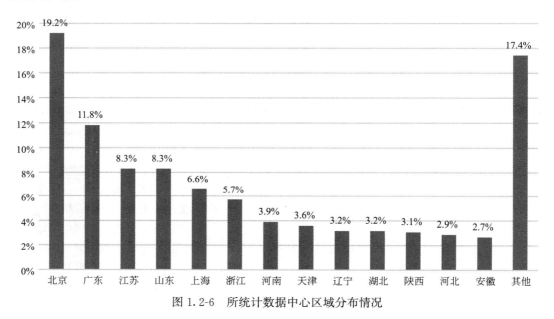

图 1.2-6　所统计数据中心区域分布情况

表 1.2-3 是统计的 557 个数据中心各年份时间段，新投入开放使用的数据中心的个数、平均设计机架数以及总功率（此处以标准机架为换算单位，以功率为 2.5kW 为一个标准机架）。

历年新建数据中心部分信息　　　　　　　　　　　　　　　表 1.2-3

年份	新建数据中心（个）	平均设计机架数（个）	总功率（kW）
1997	4	238	2380
1998	1	360	900
1999	2	132	660
2000	7	1024	17920
2001	7	375	6562.5
2002	8	748	14960
2003	5	361	4512.5

年份	新建数据中心（个）	平均设计机架数（个）	总功率（kW）
2004	11	531	14602.5
2005	17	288	12240
2006	29	418	30305
2007	17	656	27880
2008	20	742	37100
2009	18	751	33795
2010	15	796	29850
2011	20	1893	94650
2012	29	938	68005
2013	26	885	57525
2014	32	5903	472240
2015	37	2951	272967.5
2016	41	2999	307397.5
2017	28	3330	233100
2018	7	2882	50435
2019	2	657	3285

由表 1.2-3 可知，2000 年以前新建数据中心的个数很少，增长平缓，平均设计机架数也是在 500 个以下，微型数据中心系统偏多且大多建在一线城市。步入 21 世纪以后，新建数据中心个数有一个激增的过程，数据中心的发展建设处于高速增长时期，这也和软件与信息技术行业的快速发展有紧密的关系，在国家政策的大力支持下，制造、金融、能源、交通、电信等行业的迅猛发展使得对数据中心的需求也不断增大，不断有新的数据中心兴建或升级来提高数据承载能力，从而来扩大企业经营，提高经营效率。这些都为数据中心行业的蓬勃发展提供了土壤。受 2008 年金融危机的影响，2008 之后的近几年样本中新增数据中心的增速有了一个明显的降低，在 2010 年后又重新回到高速增长的态势。2014 年全球经济复苏，同时伴随着 5G、物联网、人工智能等计算科学技术的更新与进步，人们对网络的需求快速增加，数据量暴涨，全球对数据中心的需求量增长。数据中心市场规模的增长率逐步提高，但增速放缓。2016 年全球数据中心整体市场规模达到 451.9 亿美元，增速为 17.5%。2017 年全球数据中心市场规模达到 534.7 亿美元，增长率达到 18.3%，提高了 0.8 个百分点。移动互联网、视频、网络游戏、物联网、AI 等持续驱动，对数据中心基础设施的需求就将继续存在，预计未来全球数据中心市场规模将持续上升。由于 2018 年、2019 年样本数过少，没有太大的参考意义。

图 1.2-7 为历年新增数据中心个数图，从 1997 年到 2006 年，我国新建数据中心的个数有逐年增大的趋势，但从 2006 年到 2010 年，受金融危机的影响，增速有所放缓，但经济危机之后，从 2010 年到 2016 年又是一个迅速增长的过程。预计在未来我国经济持续在平稳发展的形势下，新建数据中心的个数仍将以一个平稳的态势增加。

图 1.2-8 为历年新建数据中心平均设计机架数的变化图，从图中可以发现，在 1997

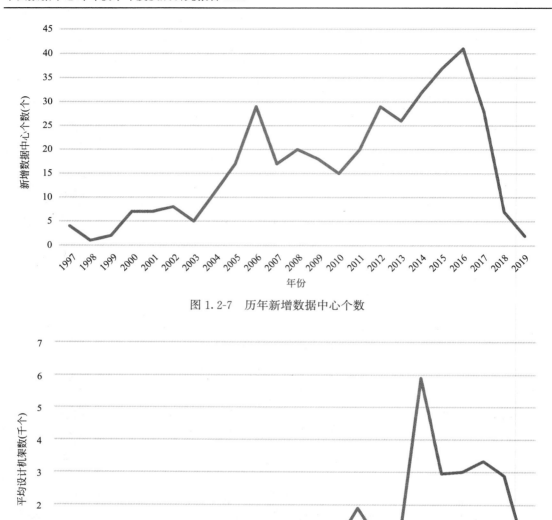

图 1.2-7 历年新增数据中心个数

图 1.2-8 历年新建数据中心平均设计机架数

年到 2012 年新建数据中心的平均设计机架数大都不超过 1000，只有 1999 年和 2010 年超过了 1000 个，但还是在 1000～2000 个之间，也就是说，从 1997 年到 2012 年新建数据中心是以中小型数据中心为主，从 2013 年到 2017 年，新建数据中心平均设计机架数到了 3000 以上，根据《意见》中数据中心大小规模划分超大型、大型、中小型三个类别的标准，机架数大于 3000 小于 10000 为大型数据中心，所以在 2013 年到 2017 年期间所建数据中心以大型数据中心为主，超大型数据中心也开始增多。

图 1.2-9 为历年增加的数据中心总功率图，从 1997 年到 2010 年，新建数据中心总功率平稳增加。从 2011 年到 2017 年总功率呈现出激增的趋势，预计在未来对数据中心的需

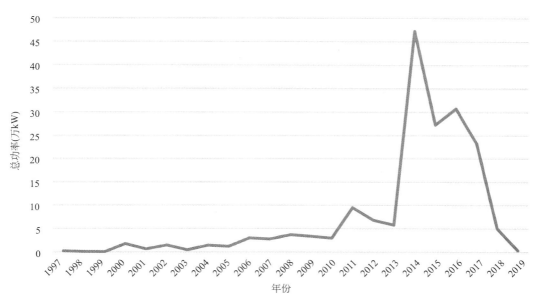

图 1.2-9　历年新建数据中心总功率

求进一步增大的趋势下，总功耗也将进一步增加。

　　表 1.2-4 为历年新建数据中心类型，如表所示，在 2006 年之前，新建数据中心平均设计机架数大多不超过 500 个，在 2006 之后平均设计机架数均超过 500 个，2014 年甚至超过了 5000。由表 1.2-4 所示，在所统计的数据中心中，2007 年之前甚至没有一个数据中心设计机架数超过 3000 个，都属于中小型数据中心。从 2008 年到 2013 年开始出现设计机架数超过 3000 个的数据中心，且大型数据中心所占的比例也呈逐年上升的趋势，从 2014 年到 2017 年开始出现超大型的数据中心，大型数据中心和超大型数据中心在新建数据中心的总数中所占比例也大幅增加。

历年新建数据中心类型　　　　　　　　　　　　　　　　表 1.2-4

年份	中小型	大型	超大型
1997	2	0	0
1998	1	0	0
1999	2	0	0
2000	6	0	0
2001	4	0	0
2002	5	0	0
2003	5	0	0
2004	6	0	0
2005	12	0	0
2006	22	0	0
2007	15	0	0
2008	9	1	0

年份	中小型	大型	超大型
2009	15	0	0
2010	10	1	0
2011	14	4	0
2012	24	3	0
2013	23	2	0
2014	19	9	3
2015	24	8	3
2016	31	6	3
2017	18	8	2
2018	4	3	0

表 1.2-5 为历年新建数据中心平均面积，分析可以得到，虽然新建数据中心的平均建筑面积、平均机房面积略有波动，但还是可以看出一个总体的趋势：随着新建大型、超大型数据中心的增多，数据中心的建筑面积、机房面积都大大增加，我国数据中心的发展呈现出大型化的趋势。

历年新建数据中心平均面积　　　　　　　　　　表 1.2-5

年份	平均建筑面积（m²）	平均机房面积（m²）
1997	300	1500
1998	3000	2400
1999	1050	1500
2000	4033	833
2001	2433	2333
2002	3000	3519
2003	1000	2300
2004	10833	2220
2005	2656	1188
2006	3730	2214
2007	2243	2700
2008	2777	2827
2009	5396	4384
2010	8950	3704
2011	37428	6778
2012	4030	4884
2013	5174	4685
2014	51138	13499
2015	92666	33272

年份	平均建筑面积(m²)	平均机房面积(m²)
2016	19613	8450
2017	114300	14395
2018	31872	5792

通过对在网登记的 557 个数据中心进行统计分析，可以得到以下几点结论：

（1）所统计的数据中心中三大运营商占到了绝大多数，民营自建数据中心占比达到了37%，也占到了较大的比例，通信行业是数据中心的主要建设方。

（2）中小型数据中心占绝大多数，比例高达 85%，说明中小型数据中心仍是最主要的数据中心类型，大型、超大型数据中心在近几年迅速发展，新建数据中心的平均建筑面积、机房面积增速明显，数据中心发展呈大型化的趋势。

（3）我国目前大部分数据中心仍主要分布在北、上、广、深等一线城市，占比达37.6%，一线城市周边地区数据中心也占到了很大一部分的份额，内陆中西部地区数据中心的数量逐渐增多，数据中心有向一线城市周围地区以及内陆地区迁移的趋势。

1.3　我国数据中心冷却系统概况

1.3.1　数据中心评价方法及能效现状

数据中心冷却系统是一类具有特殊性的机房空调系统，属于工艺性空调。据不完全统计，数据中心冷却系统的耗电量占数据中心总能耗的 40% 左右，是除 IT 设备能耗外耗能占比最大的能耗要素。在现存的部分能效较差的数据中心中，冷却系统的能耗甚至会超过IT 设备的能耗。各厂商和用户一直致力于生产性能更优的数据中心冷却系统。因此，细致评价数据中心冷却系统的效率，建立评价数据中心冷却系统的效率评价标准显得尤为重要。

1.3.1.1　数据中心能效的 PUE 评价指标

为了研究数据中心的能效问题，在 ASHRAE 和绿色网格组织共同发布的能效测量计算指导原则 PUE：A Comprehensive Examination of the Metric 中，提出了一种目前影响力较广的能效指标 PUE（Power Usage Effectiveness，用能效率）。PUE 也是我国数据中心能耗评价的主要指标。目前，我国国标规定数据中心达到合格标准是 PUE 要小于 2.0。总体上我国仍有许多数据中心 PUE 超过 2.0，它们今后将被改造或逐步关停。新建的数据中心基本可以满足 PUE 为 2.0 的要求，并产生了许多具有极低 PUE 的成功案例。

PUE 是目前影响力较广的数据中心能耗评价指标，其含义为数据中心消耗的所有能源与 IT 设备消耗的能源之比。数据中心 PUE 表达式如下：

$$PUE = \frac{数据中心总设备能耗}{IT 设备能耗}$$

为了更具有参考性的结果，PUE 计算通常应该以年度为单位，即采用全年中数据中心总设备耗电量及 IT 设备总耗电量进行计算。数据中心的设备总能耗主要包含 IT 设备能耗、冷却系统能耗、配电设备能耗及其他能耗。其中，IT 设备能耗、冷却系统能耗、配电设备能耗的影响较大，这些能耗要素的变化可以引起 PUE 的显著变化。PUE 为 2.0 的标准机房能耗和目前我国机房能耗大致构成的饼图如图 1.3-1 所示。

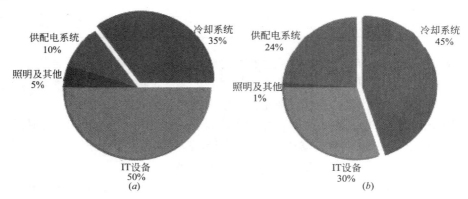

图 1.3-1　标准机房能耗及现有机房能耗大致构成
(a) 标准机房的能耗大致构成；(b) 现有机房的能耗大致构成

　　冷却系统能耗是 PUE 的重要影响因素，它主要受 IT 设备产生的热负荷影响。随着服务器集成密度的持续增高，服务器设备热密度越来越大，服务器机柜设备区就成为了机房内主要的热岛区域。数据中心冷却系统必须保证供给的冷量充足，能够使机柜内设备正常运行。因此，房间级冷却设备的能耗随着 IT 设备的能耗增大而显著增大。

　　配电设备能耗主要由配电损耗和 UPS 电源能耗组成，其大小与机房设计的安全等级密切相关。机房的安全等级越高需要 UPS 的数量就越多，UPS 设备的能耗也越大。在机房供电的电源质量足够好的情况下，通常采用后备式的方式配置 UPS 降低 UPS 自身能耗，从而降低 PUE。后备式工作方式中，只在市电停电时，才换成由 UPS 电池供电的供电模式。正常工作时，市电通过 UPS 的旁路直接给数据中心的负载进行供电，UPS 处于备份状态。

1.3.1.2　数据中心能效的 PUE 评价的不足

　　尽管目前 PUE 指标运用普遍，美国乃至整个国际对 PUE 的评价却贬褒不一。目前，业界公认 PUE 是一个片面的指标，在当前的实际应用中有标准规范欠缺、受测量标准和测量方法影响大、被严重商业化、无法体现设备效率、能源生产率和环境绩效等诸多问题与局限。

　　PUE 指标以 IT 设备能耗和设备总能耗的关系为研究对象，评价指标以 IT 设备能耗为核心出发点。PUE 指标变好的实际含义，是 IT 设备功耗以外的部分在数据中心总能耗中所占的比例减少。从根本而言，PUE 是一个必然大于 1 的比值。要使数据中心整体真正达到最佳能耗，不应仅追求数据中心 PUE 指标的下降，还应尽量使处理等量任务时的 IT 设备能耗尽量减小。

　　综上所述，PUE 实际上并不是一种用来评价数据中心冷却系统的指标。PUE 无法针对性评价数据中心冷却系统能效，并且难以满足冷却系统评价的使用需要。因此，建立一种不同于 PUE 的、针对数据中心冷却系统的能效评价指标，对实现数据中心冷却系统的合理评价具有重要的意义。

1.3.2　数据中心冷却系统综合 *COP* 评价指标的建立

传统空调系统中，*COP*（Coeffcient of Performance，性能系数）是评价制冷设备的一项关键指标。制冷（热）工况下的 *COP*，等于制冷设备提供的冷（热）量与制冷（热）系统输入功率之比。冷却系统 *COP* 最基本情况下的定义式如下：

$$COP = \frac{制冷系统提供的冷（热）量}{制冷系统消耗的总功率}$$

用不同角度的 *COP* 评价空调系统效率的高低，已经成为暖通空调专业界的共识，并在绿色建筑节能设计标准中予以了肯定。因此，利用数据中心冷却系统综合 *COP* 评价其冷却系统的用能效率，是一种可行且与空调行业专业规范相符的做法。

然而，准确测量制冷系统提供的冷（热）量实际上十分困难。热量作为一种过程量，存在计量困难、测量误差大、修正因素等多种问题。测量制冷系统提供的冷（热）量难以操作，同时也难以统一测量条件和方法，从而无法保证结果具有可比较性。因此，应当基于传统 *COP* 的思想和数据中心冷却系统的特点，在建立评价指标时避免制冷系统提供的冷（热）量的复杂测算，才能提出一种更符合应用实际需要的数据中心冷却系统综合 *COP* 评价指标。

数据中心冷却系统形式多样，可以大致分为芯片级冷却系统、机柜级冷却系统、行间级冷却系统和房间级冷却系统，各类系统的原理、冷却设备、换热环节各有差别。虽然数据中心冷却系统存在多样的形式，但主要的耗能设备都是各类制冷装置的运转电机、制冷相关的风机和水泵，这些能耗的目标都是直接满足维持 IT 设备正常工作。因此，在制定能效评价标准时，可以将 IT 设备耗电量和数据中心冷却系统总能耗（由制冷设备、风机和泵的耗电量组成）作为主要研究对象，而忽略与维持 IT 设备工作无关的冷负荷。这种处理方法从 IT 设备工作需要的角度出发，可以更好的体现数据中心的建设目的，也能使不同数据中心冷却系统的评价结果更具有可比性。

值得补充的是，数据中心冷却系统除了给 IT 设备供冷之外，有时也为维持配电系统正常工作提供冷量，这也是维持 IT 设备正常工作的必要条件，可以视为数据中心冷却系统能耗的一部分。除此以外，其余辅助设施及其他房间的空调的能耗与维持 IT 设备工作无明显关系，因而不应计入数据中心冷却系统总能耗。

基于以上分析，在一般空调系统 *COP* 能效评价指标的启发下，结合数据中心冷却系统的实际情况及数据中心冷却系统评价工程需要，给出如下的数据中心综合 *COP* 定义式：

$$COP_{dc} = E_{cost,IT} / E_{cost,cs}$$

式中：COP_{dc} 为定义的数据中心冷却系统全年综合 *COP* 指标，用于评价数据中心冷却系统的能效；$E_{cost,IT}$ 为数据中心内 IT 设备全年总耗电量；$E_{cost,cs}$ 为数据中心内为 IT 设备提供支撑的冷却系统的全年总耗电量。$E_{cost,LT}$ 可通过各电柜的 IT 设备耗电量的全年连续计量值得到。若数据中心的机房配电柜中，配电柜没有计量 IT 设备外不间断电源系统、冷却系统的耗电，也可取配电柜总耗电量数据。$E_{cost,cs}$ 是直接为 IT 设备供冷的冷却系统的能耗，包括房间级空调 AHU、冷水泵和冷却水泵、制冷机、冷却塔、加湿器、除湿器等设备的耗电量，以及为不间断电源和变配电室等输配电系统供冷、通风的冷却系统耗电量。

与一般空调系统 COP 不同，数据中心冷却系统 COP_{dc} 采用 IT 设备全年耗电量 $E_{cost,IT}$ 作为公式的分子进行计算。数据中心冷却系统的主要目标是保证 IT 设备的工作条件。IT 设备不对外输出有用功，其设备的发热量和其耗电量大致相等，而 IT 设备耗电量更易于测量，因而更容易在生产实际中推广。不仅如此，以 IT 设备耗电量为分子，令综合 COP_{dc} 具有了一种明确的含义，即单位数据中心冷却系统耗电量可以负担的 IT 设备机柜耗电量。因此，这种定义方式，是针对评价指标的实际应用需要，对 COP 概念合理化转用的结果。

与 PUE 相比，数据中心冷却系统综合 COP_{dc} 评价指标是更具有针对性的评价指标。它在建立时，即确定了针对性评价数据中心冷却系统的目标。综合 COP_{dc} 评价指标的研究内容更具体、更具有针对性，并具有明确与冷却系统相关的含义。可以量化的综合 COP_{dc} 指标数值直观体现了数据中心冷却系统的能效好坏，有助于分析冷却系统的优势和问题所在，并为冷却系统未来调整和改进提供方向。今后在数据中心冷却这一领域，应该把 COP_{dc} 作为设计和评价冷却系统能效的标准。

1.3.3 综合 COP 评价指标的参考标准

当数据中心进行自然冷却时，冷却系统直接或间接利用天然冷源向数据中心提供冷量，工作过程与机械制冷时显著不同，冷却系统设备的总耗电量与开启人工冷源相比，将显著减少。因此，数据中心冷却系统自然冷却的时间对 COP_{dc} 有决定性的影响。由于自然冷却时长主要由所在地的条件决定，不同气候分区 COP_{dc} 的参考值将会不同。

目前，PUE 相关研究中的统计数据较为丰富，可以初步给出不同气候分区 COP_{dc} 的参考值如下：

严寒地区 COP_{dc} 参考值为 1.01~5.08；寒冷地区 COP_{dc} 参考值为 3.51~4.85；夏热冬冷地区 COP_{dc} 参考值为 3.41~4.44；温和地区 COP_{dc} 参考值为 3.16~4.48；夏热冬暖地区 COP_{dc} 参考值为 2.81~4.15。在冷却系统能效更低时，COP_{dc} 值可能比参考值范围更小。冷却系统能效更高及自然冷却时间变得更长时，COP_{dc} 值可能比参考值范围更大。

这里提出的只是初步参考数值。如果只考虑 IT 设备及其冷却系统耗电时，存在 $COP_{dc}=1/(PUE-1)$ 的关系，用工具进行仿真计算 COP_{dc} 参考值时必须注意这一关系。实际上，如果当考虑 UPS 和非冷却系统的耗电量影响时，PUE 评价结果与 COP_{dc} 会偏离上述关系，此时 COP_{dc} 按上式计算得到的参考值比数据中心对应的实际数值更小。此外，此参考标准中对自然冷却过程的考虑还较浅。可以认为，COP_{dc} 实际是由两个 COP 组合而成，即开启冷水机组时的 COP（约为 4）和自然冷却 COP（约为 7~8），最终根据自然冷却时长与人工制冷时长的加权和得到 COP_{dc}。相关的深入研究应在将来的研究中进行，从而得到更精细的不同地区 COP_{dc} 参考值。

1.4　我国数据中心冷却系统运行存在的共性问题

我国数据中心目前还处于高速发展期，新建数据中心较多，数据中心规模不断扩大，服务器散热密度日益增大，对于数据中心来说，高能耗不仅意味着耗电量的增多，同时还需要更多性能更好的冷却设备、散热通风设备以及供电基础设施的支持。

随着计算机组件密度的增加，数据中心单位面积产生的热量不断提高，然而部分老旧数据中心存在配套的制冷系统老旧、运维人员经验不足等问题，一些新建数据中心存在设计容量过大、运行负荷较低等问题。种种矛盾使得数据中心制冷系统的能效、局部热点、设计及运行负荷匹配、室外机散热、运维管理等问题逐步受到从业者的重视。

1.4.1　产业规模增长迅速，旧有设备能效水平较低

根据 2019 年 5 月 8 日于 "2019 中国绿色数据中心大会" 上发布的《2019 年绿色数据中心白皮书》显示，2017 年，全球各地约有 800 万个数据中心（从小型服务器机柜到大型数据中心）正在处理数据负载。这些数据中心消耗了 416.2TWh（1TWh 等于 10 亿 kWh）的电力，这相当于全球总用电量的 2%，预计到 2020 年将高达全球用电量的 5%。国内数据中心的建设同样呈现快速增长的趋势，金融、通信、石化、电力等大型国企、政府机构纷纷建设自己的数据中心和灾备中心。2017 年，国内数据中心总耗电量达到 120～130TWh，这个数字超过三峡大坝和葛洲坝电厂发电量之和。预计到 2020 年，中国数据中心耗电量为 296TWh，2025 年高达 384.2TWh。

随着数据中心规模的不断变大，绿色节能数据中心已经由概念走向实际。越来越多的数据中心在建设时将 PUE 值列为一个关键指标，追求更低的 PUE 值已经成为业内共识。例如 Google 公司部分数据中心的 PUE 值已经降低到了 1.11；2018 年 6 月，微软在英国苏格兰奥克尼群岛附近的北部岛屿海底数据中心负载试运行，该数据中心可以使用深海海水提供随时且免费的高效冷却。而我们国内数据中心的 PUE 平均值为 1.73，中小型机房的 PUE 值更高，大都在 2.5 以上。根据国际数据公司 IDC 发布的《2019 中国企业绿色计算与可持续发展研究报告》表明，虽然中国企业数据中心能源使用效率（PUE）值明显改善，但依然有 85% 的受访企业数据中心的能源使用效率在 1.5～2.0 之间，未来仍有很大的提升空间。

国内大型数据中心往往更注重节能，其具有更高效的设备以及节能技术，并配以比较完备的管理、维护措施。例如腾讯贵安七星数据中心，坐落于贵州贵安新区两座山的山体中，总占地面积约为 47 万 m^2，能存放 30 万台服务器，经过工信部实测，其极限 PUE 将达 1.1 左右。但是对于旧有小型数据中心，特别是规模很小的服务器设备间和机房，在设备、管理、运维和节能技术方面往往比较落后，能效水平通常更低。经过多年运行，机房负荷大都已接近满载，且机房建设成本较低，仅仅对楼板、墙壁、门窗进行过简单的加固、封闭及保温处理等。机房层高不足，有效静压箱高度较低；机房存在空调死角、气流无法有效流动等问题，PUE 值往往较高，其空调系统用电量甚至超过 IT 设备用电量。据中国数据中心能耗现状白皮书显示，目前我国中小型数据中心数量已超 40 万个，年耗电量达 1000 亿 kWh，平均每个数据中心 1 年耗电 25 万 kWh。

1.4.2　早期建设机房局部热点现象突出

国内早期数据中心建设者对气流组织问题关注度较低，许多早期建成的 IDC 机房甚至忽略了气流组织的影响，局部热点现象严重。研究表明，如果气流不畅造成机架气流循

环，使得机架高温区增加 5℃时，制冷成本要增加 10％～25％。后期相关研究人员针对气流组织形式，对老旧的数据中心进行了改造，并且根据工程实际总结出了一些实际经验，如

（1）数据中心宜采用防静电地板架高形成静压箱送风，地板下架高度作为送风静压箱需保持在 400mm 以上，以减小气流阻力；

（2）合理调节穿孔地板的数量及通孔率，控制地板出风速度，以避免某些区域冷量过大而某些区域冷量偏小的情况；

（3）机柜宜采用"面对面，背对背"布置形式形成冷热通道，并采用盲板封闭机架上的空置区域，防止冷风和热风混合，降低制冷效率。

根据上述工程经验，现今多采用地板下送风方案作为数据中心气流组织的主流建设方案。该方案采用整个架高地板空间作为静压箱，将出风动压转化为静压后，均匀送到整个机房的各个角落，然后通过格栅地板出风，将冷空气导入服务器，从而达到控制服务器温度的目的。地板下送风可将冷空气送到较远的距离，且地板开孔率和地板开孔数量可随时调整，支持后期机房扩容或移动 IT 设备。

尽管该方案建设简单，调整灵活，但由于地板高度和风量、冷量的关系高度耦合，配置不当将会引起送风失衡，导致局部热点生成。此外，地板下送风方式不但要求地板架高形成静压箱高度，同时机房上部也需要回风空间，对机房层高有一定要求，在旧机房改造项目中也可能引起气流组织不畅，形成局部热点。

总结来说，数据中心产生局部热点的原因主要有以下 6 个方面：

（1）单个机柜对应的穿孔地板的送风量与机柜内 IT 设备所需的风量不匹配造成机柜内温度升高。

（2）机柜内空闲 U 位空隙造成机柜内温度升高。

（3）同列相邻机柜间空隙造成机柜内温度升高。

（4）机柜底部与静电地板间空间造成机柜内温度升高。

（5）热负荷与投入制冷量的匹配不当造成机柜内温度升高。

（6）机柜孔密度与设备风量的匹配造成机柜内温度升高。

1.4.3　新建机房设备设计与运行负荷不均衡

在决定数据中心的设计能力时，有许多相互竞争的因素会影响决策，担心设置得太小，运行的空间或电源只能维持几年。最近几年，对计算能力的需求和功率密度的增长使得许多数据中心在建立不到十年的时间内便已经过时。而且数据中心的制冷系统需要 24h 不间断运行，现代大型数据中心总冷量需求更是巨大，因此往往采用超大规模设计来降低这种风险，但同时也会降低能效。

数据中心的能效受正在使用的设计负荷的实际比例所直接影响，较之其涉及的最高效率，负载利用率越低，则其效率越低。而数据中心的负荷利用率受其出租率影响，一般而言，新建数据中心投产初期，IT 设备热负载很低，因此不少数据中心运营初期都存在设备设计容量与运行负荷不平衡导致能效降低的问题。此外，大多数数据中心从未达到 100％的设计负载能力，主要用于确保设备的可靠性和保持正常运行时间。根据不同的企业文化，典型的系统操作不超过 80％～85％的设计额定值（有些可能会达到 90％）。这是

相当必要的，但这也是可靠性与能效之间谨慎的妥协。

1.4.4　部分小型机房扩容导致室外机散热环境恶劣

从成本角度出发，建设者期望在有限的机房空间里，尽可能投入更多的设备运行，用较小的成本，创造更大的利润空间，因此原有的早期小型数据中心不断扩容，在仍使用风冷设计的情况下，空调室外机的安装空间捉襟见肘，多台空调室外机同时安装在一个狭小的空间，缺乏足够的气流给冷凝器散热。同时由于空间限制，可能出现冷凝器出风口近距离安装，后一排冷凝器出风口直接吹到前一排冷凝器上的问题（图1.4-1），和其他空调设备混装，导致部分排风之间进入精密空调室外机（图1.4-2）等。在夏季高温季节，空调容易频繁出现高压保护，给主设备的稳定运行带来极大的隐患。

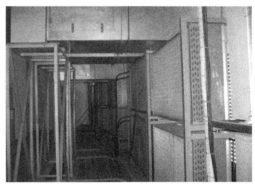

图 1.4-1　室外机安装实景

冷凝器进风气流不足，会导致单位风量载热量减小，狭小的密闭空间内，只有一侧有新风进入，进风量小，导致没有足够的气流通过翅片进行热交换；冷凝器水平出风安装技术要求，通常为出风4m内无遮挡，百叶窗、防护栏等阻挡会使出风阻力变大，风量减小；后一排冷凝器出风口直接进入前一排冷凝器，风冷温差较小，散热量减小，冷凝温度与环境温度之差越小，其换热效率越低。

室外机的换热效率直接影响空调制冷效率，从而影响这个数据中心制冷系统能耗，过高的室外机进风温度将导致出风温度随之增高，导致空调机不节能。合理的改善现有风冷机组室外机散热环境，降低进风温度，是机房空调节能减耗的重要环节之一。

图 1.4-2　室外机布置实景

1.4.5　运维经验不足导致制冷系统故障

数据中心空调系统是一个错综复杂的系统，容易产生各种故障，因此客户对于维护速度、是否原厂维护都提出了较高的要求。尽管运维人员能避免一些常规故障，但由于操作失误或其他偶然因素，故障依旧可能发生。

（1）运维管理不当导致空调系统故障

在传统的风冷精密空调体系中，常规性的故障如压缩机损坏、风机损坏等，都可以通过日常的巡检维护发现隐患，如运转电流出现异常增大、运转声音出现异常等。但由于运维操作不当，也可能引起一些不易发现的故障。一个完整的数据中心机房，需要配备完整的维护，才能发挥其重要的作用。

数据中心机房在日常维护中应避免以下问题：运维管理人员不了解系统规划情况，主要工作局限于对设备的维护上；管理界限不清楚，只维护部分基础设施设备，忽略或不维护发电机和空调室外机等；只维护关键设备，对发电机、电池、配电、线缆长时间不做维护；发生事故时简单地归结为设备问题，不愿找出引发事故的真正原因，以至于故障修复后再发生故障，或诱发其他环节故障；管理制度不健全，缺乏维护操作流程，无严格的交接班制度等。

（2）未及时检修排查导致设备运行故障

精密制冷空调就是数据中心内的重要制冷设备，除了精密地控制温度外，其自身还带有加湿装置，在调节温度的同时，确保机房有恒定湿度的空调。相比于常规空调，其配备设施更复杂，更容易出现突发故障。如空调出现"加湿电流大"的故障报警，原因可能有两个方面：加湿罐中水垢、杂质过多使导电电阻减小；由于加湿罐内注入的水过多使供电电极和水的接触面增大。空调低压报警，用压力表测量高低压，都远远低于正常值，一般为制冷系统缺氟所致。通常这种情况多为制冷管路有漏点。空调不定时出现"失风报警"，应重点检查室内主风机，看是否有主风机损坏、皮带过松、断裂等情况。这些设备运行故障都是可以通过定时检修来进行排查与避免的。

（3）人为错误操作导致的系统故障

数据中心停机通常是由设备故障或突发事件的连锁反应引起的，但引起数据中心停机的主要原因是人为失误，据 Uptime 协会发起的一项研究显示，数据中心大约 70% 的问题都是人为错误引起的，可见人为错误对数据中心影响较大。例如数据中心管理人员疏于职守，不按照标准操作程序执行，忘记或直接跳过某些步骤，或是凭自己的记忆操作，无意中错误地关闭了某个设备；在紧急情况下错误地按下紧急关机按钮，导致整个数据中心的电力供应关闭；携带食品和饮料进入数据中心，导致液体进入系统设备中造成短路。数据中心是一个复杂庞大的系统，不可能一个人面面俱到，当接触到自己不熟悉或不了解的地方，随意操作往往容易引发意想不到的结果，因此加强对人的管理尤为重要。在对数据中心做任何调整时，都要从全局考虑，集中最优秀的技术人员，将人为操作风险降低。

从以上几点可以看到，由于数据中心空调系统的复杂性，运维操作失误导致的故障时有发生，在与其他系统统筹安排时，不合理的设计也会导致故障出现，数据中心空调系统的可靠性依旧面临着复杂因素的挑战。

本 章 参 考 文 献

［1］ 陈燕树.IDC 机房空调系统优化配置方法与综合节电分析［J］.机电信息，2018，（15）：156-157.

［2］ 刘婷婷，田浩.IDC 机房空调节能改造工程［J］.节能技术，2011，29（5）：466-469.

［3］　严瀚.气流组织对数据中心空调系统能耗影响的研究［D］.上海：上海交通大学，2015.

［4］　魏蕤，简弃非，杨苹.空调布局对数据机房内热环境影响的试验与仿真研究［J］.暖通空调，2010，40（7）：
　　　　91-94.

［5］　钱存存.华南地区办公建筑IDC机房空调系统优化设计与节能改造方法研究［D］.重庆：重庆大学，2015.

第2章 数据中心冷却理念及思辨

2.1 数据中心冷却重要性分析

近年来，随着人工智能、物联网、第5代移动通信网络（5G）等高新技术和相关应用的不断发展，要求现代数据中心在工作负载、用户使用模式、资源利用率上增加系统的规模与多样性，但随之而来的是芯片功耗的急剧增加，服务器内置元器件功率密度不断提升，以及相同体积服务器与相同体积机柜的额定功率不断增加，从而引发更多的故障。

相关研究显示，CPU内晶体管的封装数量基本按照平均每18个月增加一倍的规律，1997年，Intel公司推出的Pentium II芯片上有750万个晶体管，2006年1月生产的45nm工艺静态SRAM芯片晶体管总数超过10亿个，当今的发展已超过130亿个；芯片内布线和节点间距离（technology node），作为封装密度特征尺寸，也从数十纳米减小到当今的10nm左右。对于高性能CPU芯片来说，高密度的封装产生更大的电力消费，从而导致芯片更高的发热量和发热密度。2017年，美国电力与电子协会（IEEE）下属的封装技术委员会对主要电子元件在今后十几年内有关封装密度和电力消费的发展趋势作出了具体的预测，部分预测内容如表2.1-1所示。

高性能CPU封装特性的预测 表2.1-1

年份	2020	2022	2024	2026	2028	2030
CPU核心	42	50	58	66	70	70
封装密度(nm)	7	5	3	2.5	2.1	1.5
传递速率(GHz)	3.10	3.30	3.50	3.70	3.90	4.1
芯片发热(W)	237	262	288	318	351	387

为了保障芯片的运行，必须将芯片的温度控制在一定范围内，这是数据中心冷却的核心需求，也是冷负荷的来源。只有在较低的温度下排出芯片产生的热量，才能保证各种元件及系统装置的正常运行和长期可靠。例如，对于单体芯片，一般要求芯片的最高温度低于85～95℃；对于Intel/CPU芯片，根据封装构造不同，会要求其封装组件温度不高于68～75℃。对于大型服务器或者超级计算机系统的冷却设计，基于对提高系统可靠性和降低电力消耗的考虑，往往会要求系统内所有CPU芯片甚至其他主要电子元件的温度低于上述单体温度要求，达到60℃以下。

芯片等电子元件工作温度的设定对系统的可靠运行有重大影响，通过有效的冷却方式和相关技术来降低元件的工作温度，可以更加有效地提高元件和装置系统的可靠性。电子元件包括材料扩散、相关腐蚀和电子迁移等几乎所有劣化的原因都涉及材料的热反应机理与相关因素，与元件的工作温度有直接关系。元件的劣化程度随其工作温度的降低呈现指数降低，其中，这一关系被简称为"10 度 2 倍"法则，理论上工作温度每提高 10℃，可能会导致元件材料 2 倍的劣化程度。而通过冷却将工作温度降低 10℃，可缓解元件材料 50％的劣化程度。

CPU 芯片耗电包括有效电力和无效的漏电，芯片温度在 85℃时，其无效的漏电占了将近总耗电量的一半，可以通过降低芯片温度减少无效漏电，从而有效减少漏电部分的电力损耗，也可以大幅度减少其漏电电流，从而很大程度降低元件的耗电量，提高信号等电子传送效率。

把芯片产生的热量排出到某个热汇，可以把整个热量传递通道看成一个等效热阻，而其驱动力就是芯片内的温度与热汇温度之差。这样，热量、驱动温差和热阻之间的关系为

$$Q = R \cdot (T_{芯片} - T_{室外}) \tag{2-1}$$

热量 Q 由芯片工作状态决定，不可减少，传输通道的等效热阻由系统的冷却方式决定，R 可表示为

$$R = R_{芯片内部} + R_{芯片表面到冷却媒介} + R_{冷却媒介到热汇} \tag{2-2}$$

确定了系统形式和工作参数（冷却媒介循环流量等），这些相应的热阻 R 也就随之确定，从而根据 Q 与 R 就得到要求的驱动温差 $T_{芯片} - T_{室外}$。给定要求的芯片温度，也就得到要求的热汇温度。如果可以找到低于或等于要求的热汇温度的自然冷源接收热量，就可以实现这一冷却要求，实现自然冷却。如果找不到低于这一温度的自然冷源，就只能采用制冷设备，通过耗能制冷，提供人工冷源接收芯片排出的热量。

如何尽可能实现自然冷却，或在全年运行时间中尽可能多的时间内实现自然冷却，是数据中心冷却系统节能的关键。即使必须使用人工冷源，也希望尽可能提高要求的热汇温度，减少人工冷源需要提升的温差 ΔT。人工制冷系统需要提供的能量 P_c 为

$$P_c = Q(\Delta T + Q \cdot R_c)/T\eta \tag{2-3}$$

式中：R_c 为人工冷源接入回路的等效热阻；T 为冷源温度（K）；η 为人工冷源制冷系统的热力学完善度。而这里的 ΔT 则是要求的热汇温度与可以得到的自然冷源温度之差，是自然冷源比要求的热汇温度高出的程度。所以，即使采用人工冷源，可以找到接收热量的自然冷源温度越低，人工冷源的能耗就越低。

为了有效地避免或减少人工冷源的使用，可以有如下两个途径：

（1）提高芯片温度，但这将影响芯片工作的可靠性，提高故障率，同时还可能增加芯片功耗。因此芯片温度有上限要求。

（2）减少热量传输通道的等效热阻 R，这与冷却系统的形式、参数和运行模式有关，也是本书讨论的主要内容。

尽可能寻找温度较低的自然冷源接收热量。一般采用室外空气接受热量，热汇温度为当地的室外空气温度，利用蒸发冷却技术，可以获得接近当地空气湿球温度的冷却水作为冷源，而采用间接蒸发冷却技术，则可以得到接近当地空气露点温度的自然冷源。在我国西部干燥地区，室外空气露点温度可以比空气干球温度低 10K 以上，是采用各种蒸发冷却技术的最佳地域。而如果可以找到低于当地空气温度的江、河、湖、海水（一般是深水区取水），也可以成为很好的自然冷源。

2.2　冷却排热机理

CPU 在运行过程中会产生大量热量，如果不能及时排除，将导致其表面温度升高，可能导致芯片过热炸裂，但是除非温度过高，一般并不会直接损伤 CPU，而是因为高温引起"电子迁移"，电子定向流动撞击金属原子，导致金属原子移动，进而损伤 CPU 内部芯片。"电子迁移"对芯片的伤害是一个缓慢的过程，如果芯片一直处于高温下工作，势必会造成核心内部电路短路，最后彻底损坏。热量在芯片处的累积将严重影响其稳定性和使用寿命，研究发现，单个电子元件的工作温度如果升高 10℃，其可靠性则会减少 50%，55% 的 CPU 失效问题都是由于芯片过热引起的。

（1）芯片的产热

数据中心热量产出最大的核心部件是服务器基板上的 CPU 芯片，CPU 的工作温度关系到计算机的运行稳定和使用寿命，必须保证 CPU 工作温度在合理的范围内。ALTERA 的 FPGA 分为商用级和工业级两种，商用级的芯片可以正常工作的结温范围为 0~85℃，而工业级芯片的范围是 -40~100℃。

目前在尖端研究开发领域，大型数据中心采用高性能计算机服务器才能提供更强大的数据处理能力。高性能服务器高热流密度器件产生巨大热量。例如 3.6G 的 Inter Penti-um4 终极版处理器运行时产生的热量可达到 $40W/cm^2$，不能有效地排除这些热量，将导致温度急速升高，直接影响其运行性能和使用寿命。芯片产热中其内部温度分布不均匀，CPU 温度持续增高会导致能量分布不均匀，即在芯片表面出现局部温度过高的热点。热点将导致芯片表面上局部形成大的温度梯度，进而影响服务器运行的稳定性。目前高热流密度芯片的功率已达到 $60W/cm^2$ 以上，芯片内部个别结点处的热流密度将会更高，其热流密度可达整个芯片平均热流密度的 3~8 倍，其表面热点处的热流密度将达到 $1500W/cm^2$，温度达到上千度。田金颖等采用均匀与非均匀热量分布的两种热源对平板热管散热器在冷却电子芯片中的传热性能进行了实验研究。对比均匀加热条件，硅脂芯片作为热源可以更切实际的模拟计算机微机处理器的热源边界条件。非均匀热量分布的芯片设置了三个受热区，其中热点的最大热流密度为 $690W/cm^2$。

热点占整个芯片的极小一部分面积，但是芯片的大部分能量都集结在热点上。例如，Hewlett Parckard PA-8700 处理器芯片表面出现不均匀的高热量分布以及较大的温度梯度的现象。随着对服务器性能要求的提高，CPU 的结构体系已经由传统的单一芯片向多核芯片发展，那么在芯片表面也就出现了更多的热点。优化热点分布将成为封装热控制研究中的重点所在。

（2）芯片的散热

芯片的散热基于温差驱动使热量从内部热点向相对低温的表面传递，芯片散热的过程实际就是热量传递的过程。芯片产生的热量主要是传递给芯片外封装结构，如果封装结构外加散热片，则热量会由芯片外封装通过散热片胶传到散热片，最终由散热片将热量传递到环境中去。整个散热过程分为三步：芯片热量传递到散热板上，通过热传导的作用再将热量传递到散热器，最后通过空气对流将热量带走。

由于空气传热能力有限，所以还可以采用液冷形式，将热量从芯片表面通过吸热装置传递到冷却液体中。液体的比热容远大于空气的比热容，液体在管路中的定向流动可以实现热量的定向转移。其优越性能可以避免 CPU 芯片温度骤升，获得比一般风冷更好的冷却效果。

还有一种方式是把具有很大传热能力的热管直接贴在芯片表面，从而直接通过热管导出芯片的热量。这时主要的热阻为芯片与热管之间的接触热阻。如果能够使热管与芯片表面良好地大面积接触，则可以获得接近液冷方式的冷却效果。

图 2.2-1 展示了普通 CPU 及散热器的封装结构。其中芯片和散热板间、散热板和散热片间均以高热导率的金属 TIM 连接。芯片的热量通过散热板扩散到较大的空间，从而减小了其表面上的温度梯度及不均匀能量分布。散热板上的热量传递到散热器上，通过冷却介质将传递到散热片上的热量带走。散热器的散热过程可以分为吸热、导热和散热三个步骤，相对应的散热器需要具备包括吸热模块、导热模块和散热模块等三个部分，吸热模块是指散热器底部，需要尽可能的吸收芯片释放的热量。在芯片和散热板的连接处存在两部分热阻，即接触热阻和材料热阻。材料热阻的大小取决于材料种类和厚度等因素，表 2.2-1 是几种常见金属的导热系数，导热性能越好，材料热阻越小。大多数散热器在与芯片相接触的部分采用热传导性能较好的材料，保证热量尽快传导出来。接触热阻的存在是由于芯片和散热板的连接处会存在间隙，间隙间填充了空气，空气的导热性能比较差，导致接触热阻的存在。表面平整度、紧固压力、材料厚度和压缩模量都会对接触热阻产生影响，这些因素又与实际应用条件有关，一般采取尽量保证接触面的平整度，减少空气间隙或者在两者间填充导热性能较好的材料以减小接触热阻。散热器的散热片是散热模块，需要较大的散热面积，相同材质的散热片的空气接触面积越大，散热效果越好，同时散热片的形状和结构也造成不同散热片的散热性能不同。

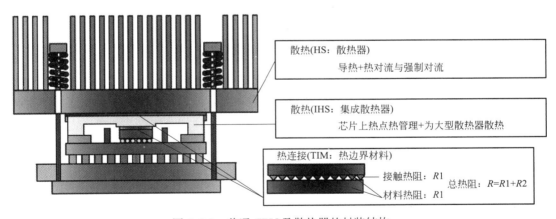

图 2.2-1　普通 CPU 及散热器的封装结构

几种常见金属材料的导热系数　　　　　　　　　　　表 2.2-1

金属材料	热传导系数（W/m·K）
银	429
铜	401
金	317
铝	237
铁	80

芯片表面相对于散热器底板表面两者面积相差悬殊，两者面积比过大造成热量从芯片向散热底板边缘扩散时要克服更大的扩散阻力，CPU 芯片的热量会从散热器底部向上、向外传递至周围环境中，所以在散热器底部温度分布的特征是中心高四周低，使得散热器上部翅片的散热效率低下，如图 2.2-2 所示。一般情况下，芯片表面温度与经过散热器的空气温度之间的温差可达 40～50K，这一温差构成从芯片表面到了冷却系统热汇之间温差的最主要部分。同时由于芯片表面上存在局部温度过高的热点，热点占整个芯片极少一部分面积，但是芯片的大部分能量都集结在热点上。热点的存在导致温度分布不均匀，进而导致较大的温度梯度现象的出现，所以要提高散热器冷却效率，就要解决芯片表面温度不均匀问题，主要措施是将芯片表面的热量迅速铺展开。例如，在芯片与散热器之间增加一块均温板，解决芯片表面与散热器底板面积比相差较大的问题。对于风冷散热器，也可以使用高导热性材料，例如散热器的底部采用平板热管来减少扩散热阻，平板热管内壁为金属烧结形成的多孔材料。

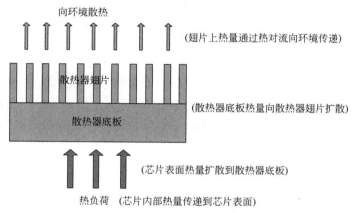

图 2.2-2　处理器及散热器热扩散示意图

热传导结合热对流保证 CPU 的有效散热，保证计算机稳定运行。芯片在实际运行中会出现短时间温度飙升的现象，若是不能及时散热，芯片温度过高会直接破坏芯片内部部件。目前芯片的散热方式主要是采用散热器，在图 2.2-2 的导热模型中，热传导遵循傅里叶传热定律。

傅里叶定律指在热传导过程中，在单位时间内，通过给定截面的热量正比于垂直该截面面积与温度变化率，用数学表达式表示为

$$q = \frac{Q}{F} = -\lambda \frac{\partial t}{\partial x} \tag{2-4}$$

式中：q 为热流密度，即单位时间内通过单位面积的热量，W/m^2；Q 为热流量，W；F 为垂直于热流方向的截面面积，m^2；式中负号代表热量传递方向指向温度降低的方向；λ 为导热系数，$W/(m \cdot k)$，导热系数是表征材料导热性能优劣的参数；$\frac{\partial t}{\partial x}$ 代表温度 t 在 x 方向的变化率。

热阻 R 表示单位面积、单位厚度的材料阻止热量流动的能力，表示为

$$R = (T_1 - T_2)/Q \tag{2-5}$$

式中：T_1、T_2 为材料两侧的温度大小，K。对于单一均质材料，材料的热阻与材料的厚

度成正比；对于非单一材料，总的趋势是材料的热阻随着材料的厚度增加而增大，但不是成线性关系。

传热过程中，假设通过各个环节的热流量都是相等的，则各串联环节的总热阻等于各个部分的热阻之和。在整个热传导过程中，总热阻 R 为

$$R = R_0 + R_1 + R_2 + R_3 + R_4 \tag{2-6}$$

式中：R_0 为 CPU 芯片内部热源到芯片表面之间的导热热阻；

R_1 为 CPU 表面与散热器底部的接触热阻；

R_2 为散热器底部到散热器翅片的导热热阻；

R_3 为翅片与冷却介质之间的传热热阻；

R_4 为冷却介质到热汇之间的传递热阻。

芯片热量传递到热汇以热阻方式给出的总传热模型如图 2.2-3 所示。

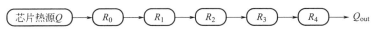

图 2.2-3 散热器等效传热模型

在整个芯片的传热过程中，热阻复杂，但是大部分热阻都是可以控制的。例如，目前多芯片模块技术广泛应用于具有复杂导热技术的高端性能服务器封装系统中，多芯片模块是四个 CPU 芯片，由四个 SiC 散热板贴敷于各个芯片之上，具有高热导率的热结合层放置在散热板与 CPU 之间，这种层叠设计可以减小导热热阻。下面主要分析不同冷却方式各个环节减少热阻的方法。

（1）服务器芯片自然冷却

数据中心的传热过程主要是依赖于芯片与热源之间的温差来驱动，若是传热过程的温差很小，驱动温度大于热源和环境间进行传热所需的温差，则可以直接利用环境作为冷源对数据中心进行冷却。

自然冷却是将室外温湿度适宜的冷空气引入室内，或者通过使用换热器使得室外冷风与室内热风进行换热，或者直接利用自然环境中的低温地表水。因此散热器的翅片上的热量是直接传递给室内空气的。芯片内部热量传递到表面的热阻 R_0 是不可控制改变的，CPU 与散热器间的接触热阻主要是由于两者之间存在空隙，空隙间是空气，空气的导热效果较差，要减小 R_1，要尽量使散热器底面的平整度增加，比如采用铣和磨等工艺，或者在芯片表面和散热器接触间隙涂导热硅脂，增加芯片和散热器底面的接触面积，减少两者间的间隙。散热器内部导热热阻 R_2 取决于散热器形状结构及散热片所采用的材料，考虑到经济因素及制作工艺，大多数散热片采用纯铝制作，导热效果较好，可以有效减小导热热阻。热量到达翅片上时，通过热对流和热辐射将热量传递给室内空气，减小自然对流热阻 R_3 的方式主要有尽量保证室内空气流动不受阻碍、散热片尽量垂直放置、增大散热片的面积等。

（2）服务器芯片风冷散热

目前数据中心服务器冷却散热多采用风冷的形式对芯片进行冷却，最为常见的是型材翅片加风扇的散热器。风冷散热在解决低温热源的散热问题上是最理想的散热方式，且风冷散热器与 CPU 的装配具有标准化的特征，有利于大规模生产。

风冷散热器的基本原理是利用循环空气带走芯片热量，芯片表面紧贴散热板，散热板

通过铜管将热量转移到散热翅片，然后利用风扇产生的强制对流加速对流，促进热量尽快传递到环境空气中去，从而降低芯片表面温度。其减少前面几个环节的热阻的方式参照自然冷却，除此之外，一般通过改善散热器底面结构和提高散热片表面传热系数，来提高散热器特别是长翅片散热器散热能力。可以在芯片与散热器底板之间增加热扩散板，促进散热器底板的热均匀，相变冷却散热装置如热管、平板热管在嵌入散热器底部时，可以有效提高散热器散热效果。与普通铝质相比，采用铝质底板嵌入热管结构的散热器，其冷却性能可提高 10%，但质量相应减少 15%。而在散热片向空气传递热量过程中可在散热器上加装风扇，强化对流，减小热阻 R_3。翅片上的热量将通过热对流和辐射向周围的环境空气传递，风扇可以加速空气流动，受迫流动的空气与翅片之间可以进行更有效的热量交换，从而对芯片进行冷却散热。实验证明，如果芯片热流密度超过 $50W/cm^2$，即使增大风扇的转速，对芯片的冷却作用已不明显。

（3）服务器芯片液冷散热

液冷相比于风冷更具优势，能够有效驱散高热密度服务器热量，降低系统 PUE，更符合当前绿色数据中心的发展趋势。目前国外数据中心已进入液冷时代。液体的比热要大于空气，采取液冷散热技术，可以将供水温度提升至 35℃，不需要额外采用压缩机来制冷，可全年采用自然冷源，这样使得数据中心基础设施制冷系统的运行能耗降低 30%～40%，同时，数据中心的机房面积可减少 10%，或机房利用率提高 10%。

液冷散热与风冷散热的原理本质是相同的。液冷散热技术相比较风冷技术的区别是，液冷利用循环液将 CPU 的热量从水冷块中搬运到散热器上，代替了风冷中的均值金属或者热管，如图 2.2-4 所示，最终热量通过直接排入空气或深层湖水或者借助冷却塔排入室外空气。液体的比热容比较大，可以吸收大量热量而保持温度不发生明显变化，水冷系统中的 CPU 的温度能够得到较好的控制。

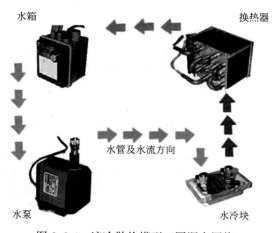

图 2.2-4　液冷散热模型（图源自网络）

水冷块作为吸热模块，将芯片热量传递给循环液，考虑水冷块的导热热阻，水冷块的材料应该尽量选择导热性能好的金属材料，比如纯铜或铝合金。水冷块内部水道改直流道为回转旋涡道，增加传热面积，强化对流传热。此外，影响液冷散热过程的热阻可以从流体的特性出发进行分析，无论是层流还是紊流，流体流经固体表面时，会在固体表面形成速度边界层，同时除速度边界层外，还会形成一层具有温度梯度的温度边界层，在温度边界层内部，速度梯度较大，流速较低，热传导代替热对流成为主要的传热方式，传热速度低。提高流体流动时的雷诺数 Re 可以减小边界层厚度，增大对流换热系数，减小传热热阻。可以加大流体流动速度，使得底层层流厚度变薄，导热增强，当流体流速增加时，流体内部的对流换热也会增强，但是流体流速增加需要消耗更多的水泵功耗；对流热阻的大小取决于对流散热面积和对流换热系数两部分，对流换热面积增大，可以加强对流换热。

（4）减少散热温差损失的分析

数据中心的冷却形式按照制冷系统末端形式的标准分类，可以分为机房级别、机柜级别和芯片级别这三种形式的冷却模式。对于不同热流密度的冷却对象，需要不同尺度的冷却思路和冷却末端。其中一种思路为考虑驱动温差。由前述牛顿冷却定律可知，传热过程的本质是在温差驱动下，将热量从高温物体传递到低温物体，从热源带到冷源，温差 ΔT 越小，在相同的热负荷 Q 下，则传热系数 h 越大，传热效果越好。数据中心的传热过程即符合这一传热本质。

对于数据中心热负荷 Q，可从驱动温差 ΔT 的角度选择冷却方法。如果系统的热量传递过程消耗的温差之和小于或等于系统的驱动温差 ΔT，满足热源和环境之间的温差大于驱动温差，那么就不需要再额外采取制冷机，可以直接利用环境作为冷源进行传热，否则就需要通过热泵做功补充驱动温差的不足，额外制造温差来满足传热过程的条件。

早期冷却模式是在机房内部放置冷却末端吸热，以此来控制房间的总体温度。如今把冷却系统直接就近放置在热源附近，哪里有热量就从哪里带走。从本质上讲，这种精确化、微型化的趋势可以做到按需分配冷量，优化改善传热过程的气流组织，减少换热环节，从而减少传热过程的总温差，最终达到节能减排的目的。从减少系统散热温差的视角出发，减少各环节热量传递的温差消耗，有助于降低排热过程的总驱动力需求，从而改善整个数据机房热环境营造过程的能效水平。

减小芯片与室内空气间的换热损失。典型 CPU 风冷散热形式中，需要先将芯片热源的热量传递到室内空气，再经送风排出。室内空气经过芯片表面和散热器附近，与 CPU 热源发生热交换后，再掺混到室内空气中去，这一过程中，会有两部分的换热损失：空气与热源表面的对流换热损失和被加热空气的掺混损失。这两部分的损失不可避免，但是可以减小两部分损失。针对掺混温差损失，因为热源温度要高于室内温度水平，导致部分热量会先掺混到室内空气状态后再排除，减少这部分掺混损失主要是考虑对机房中服务器等热源采取就近排热。比如采用 CPU 液冷散热技术，将冷水等冷媒直接输送到热源处，再利用风-水换热器等就近与热源换热来实现对热量的采集；对于对流换热损失，是由于各个服务器芯片温度不均匀导致的，因此，可通过提高芯片温度的均匀性减小空气与热源表面的换热损失。同时需要增加空调送风温度的均匀性。

减小冷热流体掺混损失。绝大多数数据机房在实际应用过程中，存在冷热通道未完全隔离导致的空气掺混、冷空气短路以及热通道内热空气回流等掺混过程。从减少冷热掺混的角度出发，可采取的措施包括分隔冷热通道、采用列间空调就近送风形式、采用分布式送风的局部冷却方式等。现有存在显著掺混的排热方式中，需求的冷水温度通常在 10℃ 以下，减少掺混损失并减少换热过程的不匹配损失，可使得需求的冷水温度提高至 15～20℃ 甚至更高。

提高送风温度均匀性。在实际应用中，热通道内压力一般高于冷通道，致使热空气通过机柜主板间空隙回流到冷通道，造成冷通道内局部温度的升高。消除热空气回流可避免冷通道内的冷、热空气掺混，提升冷通道内在高度方向上的温度均匀性，使得机柜不同位置上设备的进风温度均匀。此外，在满足排风温度要求的前提下，提高精密空调的送风温度，可以大幅提高冷源的需求温度。

末端排热充分利用自然冷源。在冷源设备环节，数据机房热环境营造过程应充分利用自然冷源。根据室外热汇温度的变化情况，数据机房的空调系统可以运行在不同的模式下。当室外热汇温度水平足够低时，室外热环境营造过程可全部利用自然冷源完成。通过上述减少排热过程温差损失的途径，可实现所需冷源温度的提高。通过减少室内热量采集过程、中间热量传输环节的温差消耗，尽量提高排热过程的冷源温度，有助于延长冷却塔等自然冷源应用时间，提高排热过程的能效水平。

2.3 常用冷却形式

数据中心服务器散热技术的发展大致上经过三个阶段：（1）1965～2000 年的技术萌芽阶段，散热技术发展缓慢，以传统风冷技术为主，同时出现液冷技术。（2）2001～2009 年为技术成熟阶段，随着散热要求逐渐提高，对风冷及液冷技术进行了改进提高，同时在冷却排热系统中加入了智能控制技术。（3）2010 年至今为第三个阶段，主要是对新散热材料在散热领域应用以及智能控制技术的研究。

CPU 散热技术主要分为两类，分别是主动式和被动式。主动式散热是芯片在运行过程中将所产生的热量以热辐射的方式散发出去，被动式散热是利用外部气流和芯片的自然对流，将热量从散热板或者散热孔等带走。在实际应用中，被动式散热方式更有效，应用更加广泛。在我国计算机领域中，绝大部分都是采用被动式散热方式来实现对计算机 CPU 的降温和散热处理。

数据中心机房的冷源选择，应尽量符合绿色节能要求，考虑机房所在地的气象条件和能源条件，尽可能的利用自然冷源，低温环境下采用自然冷却模式。

对于多芯片封装式结构的冷却散热处理方式，主要包括提高空冷冷却水平，提高导热材料导热率或者直接采用高导热率导热材料，同时考虑到可以将热电和相变冷却设备嵌入到集成散热器内。当今先进冷却技术，包括风冷冷却方式、采用高热导率材料、液冷冷却方式、热电模型及采用冷冻冷藏设备。考虑到导热热阻对整个系统散热冷却效果的影响，提出了对新一代高性能服务器采用微通道换热器，TIM 采用纳米材料以及对热电冷却设备的薄翅片采用超晶格或纳米材料。下面是几种常见的数据中心冷却散热技术。

（1）风冷散热技术

风冷散热主要是靠空气流动与热元件强制对流进行热量交换，由空气带走热量，常用的方式有用风扇转动促进热量和空气间的对流或者利用导风罩按照特定的风道引导风的走向（图 2.3-1）。在服务器机柜的上方和下方都安装大量的风扇，热量通过风扇产生的气流散失，而导风罩一般安装在服务器主板的电子元件上，前端接风扇入风口，后端设置于主板后端，为了形成对流，可以缩减出风口管径，需要散热的电子元件刚好位于风道内，其产生的热量通过风道中的气流散失，使得热量得以迅速散播出去，降低计算机的整体运行温度。

风冷散热技术主要是通过对流换热进行热传递，对流换热传递过程所传递的能力，可

图 2.3-1　普通 CPU 风冷散热

按牛顿冷却方程来计算，其数学式为

$$\varphi = h_c A (t_w - t_f) \qquad (2\text{-}7)$$

式中：h_c 为换热系数，表示单位面积温差为 1℃时所传递的热量，（W/m² · ℃）；A 为固体壁面换热面积，m²；t_f 为流体温度，℃；t_w 为固体壁面温度，℃。对流换热系数的大小与对流换热过程中的许多因素有关，它不仅取决于流体的物性以及换热表面的形状、大小与布置，而且与流速有密切的关系。无论是理论分析还是实验研究，对流换热问题均应分类解决。根据实际工况选择不同的对流换热系数经验公式进行计算。

（2）液冷散热技术

液冷散热是利用热对流或热传导的方式，通过液体的浸没或流动将发热元件的热量带走，所以其散热能力取决于对流和传导两种方式共同的热传递能力。水冷散热系统一般由循环液、管道、水泵、水冷头、水箱或冷排组成。液冷散热技术具有良好的散热性能，因此一般会应用于各种台式计算机以及大型工作站，关于液体冷却方法的研究，主要集中于流道结构的改进以及冷却液替换的问题。

在相同制冷量的情况下，水冷冷水机组耗电量要比风冷冷水机组大，其中，空调系统能耗占比情况见图 2.3-2。

液冷散热器的水冷头是由铜或者铝制成的吸热金属块，可以吸收热源的热量，然后通过内置水道里的水将热量带走。其中循环液起到吸收热源热量而自身温度变化较小的作用，循环液可以为水，即水冷系统。循环液带走热量后，可以通过换热器进入散热片中，散热片的表面积大，散热效果好，风扇把热量以强对流的方式散入到空气中。液冷散热技术具有散热效果好、噪声低的优势，同时，由于液冷散热的方式需要安装许多管子，导致占地面积庞大，经常出现漏水和结露问题，造价相对较高，会对数据中心的稳定运行造成安全隐患，但是水冷散热技术在大型的数据中心中应用广泛。

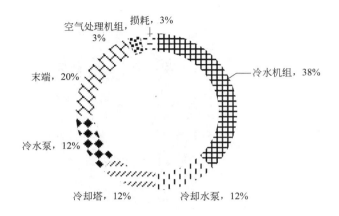

图 2.3-2　水冷系统的基本组成

（3）热管散热技术

热管散热技术是一种比较新颖的散热技术，他利用了传导介质在密闭的容器中能够形成饱和状态，促使热管在受热的过程当中形成饱和状态，使得热管在受热的过程当中所产生的热量充分的被相关传导介质吸收，并产生汽化反应，形成蒸汽，最后再通过重力作用将蒸汽液体传导回去，从而排出计算机运行过程中的热量。该技术方法构成简单，是一种封闭式的真空结构。在使用过程中，需要将热管抽至真空状态，然后将相关的低沸点介质注入真空热管中。如图 2.3-3 中为一种常见的下压式热管散热器。该技术目前还不够成熟，需要对其进一步的研究和创新。

诸凯等提出一种重力式热管散热器用于计算机基板 CPU 的散热，在不同风速、不同热流密度条件下，对其散热性能进行了实验研究，研究发现，芯片温度随着风速的增大而降低，但当风速增大到一定程度，芯片温度减小幅度有限，同时重力式热管散热器比平卧式热管散热器有着更低的热阻。

（4）微槽道散热技术

在较薄的硅片上或其他合适的基片上，用光刻、蚀刻及精准切削等方法，加工成截面尺寸仅有几十到上百微米的槽，换热介质在槽道中流过，槽道中放置易于导热的基体，使得槽道中的换热介质将热量传，如图 2.3-4 中所示的均热板上均匀分布有若干微槽道递给其他换热介质。

图 2.3-3　下压式热管散热器

图 2.3-4　微槽道均热板

喻世平等对应用于高速歼击机行波管散热的微槽换热器进行了实验研究，圆满解决了行波管散热难题，近年来，更多在此领域的研究开始逐渐展开。胡学功等将微槽道蒸发型热沉技术用于电子芯片散热上，通过与主流的奔腾 4CPU 芯片风冷散热器的散热性能比较，在低于芯片容许上限温度的范围内，微槽群蒸发器具有更高的散热热流密度。寇志海等设计制造出一种具有微槽群结构的平板热管换热器，通过数值模拟和实验研究，发现该换热器机械强度高，工艺简单，传热性能比无微槽群的热管高，同时该平板热管具有更好的均温特性，冷凝段温度分布均匀，该热管强化传热效果显著，其当量导热系数是壳体的12.3 倍。

（5）纳米微气流冷却技术

纳米微气流冷却技术是利用空气分子电离出来产生纳米级气流的新兴冷却技术，安装在计算机芯片上靠的较近电极产生离子，空气分子电离会产生微弱气流的纳米级脉冲，破坏芯片表面的传热边界层，大大地提高了芯片与外界的传热效率，纳米微气流冷却的阴极是用尖端直径只有 5 纳米的碳纳米管制成的。该技术具有较高的传热效率，其制冷设备没有运动部件，具有很高的系统可靠性，可借助制作纤巧芯片所使用的传统硅片生产工艺制造。

本 章 参 考 文 献

［1］　Zhang T，Liu X H，Li Z，et al. On-site measurement and performance optimization of the air-conditioning system for a datacenter in Beijing[J]. Energy and Buildings，2014，71：104～114.

［2］　Zhu K，Yang Y，Wang Y B，et al. Heat Dissipation Performance Analysis of High Heat Flux Radiator[C]. Tianjin：9th International Conference Green power，2014.

［3］　Garraghan P，Yang R，Wen Z，et al. Emergent failures：Rethinking cloud reliability at scale[J]. IEEE Cloud Computing，2018，5（5）：12-21.

［4］　中国制冷学会数据中心冷却工作组. 中国数据中心冷却技术年度发展研究报告 2018[M]. 北京：中国建筑工业出版社，2019.

［5］　中国制冷学会数据中心冷却工作组. 中国数据中心冷却技术年度发展研究报告 2017[M]. 北京：中国建筑工业出版社，2018.

［6］　田金颖，诸凯，李园园，等. 高性能服务器 CPU 封装冷却技术[J]. 能源研究与信息，2008，24（1）：17-22.

[7]   田金颖，诸凯，刘建林，等.冷却电子芯片的平板热管散热器传热性能研究[J].制冷学报，2007（06）：18-22.

[8]   侯晓雯，杨培艳，刘天伟.液冷服务器在数据中心的研究与应用[J].信息通信，2019（9）：48-51.

[9]   王宏辉.压电陶瓷泵在 CPU 液冷散热中的应用实验研究[D].南京：南京理工大学，2006.

[10]   杨传超.大功率 LED 多芯片模块散热器设计与封装结构热阻分析[D].哈尔滨：哈尔滨工业大学，2006.

[11]   Ding T，He Z G，Hao T，et al. Application of separated heat pipe system in data center cooling[J]. Applied Thermal Engineering，2016，109：207-216.

[12]   Tian H，He Z，Li Z. A combined cooling solution for high heat density data centers using multi-stage heat pipe loops[J]. Energy and Buildings，2015，94：177-188.

[13]   郑勇锋，苑学贺，张金帅，等.高效能数据中心制冷技术研究[J].科技经济导刊，2020，28（02）：5-7.

[14]   诸凯，王彬，王雅博，等.用于芯片冷却的重力式热管散热器实验研究[J].工程热物理学报，2017，38（8）：1748-1752.

第 3 章　数据中心液体冷却技术

提及数据中心服务器的液态冷却技术，人们自然想到的是节能，因为液体换热要比空气换热效率高出许多倍。但是液冷技术的提出，首先要解决的是 CPU 芯片超高热流密度的散热问题，然后是考虑服务器机柜的冷却能耗问题。

从芯片吸热到环境放热，包括各个中间界面与过程的温度控制是实现高性能与高效率冷却设计的关键，温度设定对于元件性能、系统可靠性，乃至数据中心整体的能源利用效率都会产生决定性的影响。芯片产生热量的 90％以上是通过各种中间结合层以高热流方式传导到散热元件上（如空冷散热器），其他 10％以下的热量被传递到基板向设置环境放热。最终（通过空调或冷却塔系统）将热量排放到外部环境。保证 CPU 芯片等电子元件的正常工作和 ICT 装置及系统的运行可靠性是数据中心冷却设计的根本，其中，通过有效的冷却方式和相关技术来降低 CPU 芯片的工作温度则可以有效地提高元件和装置系统的可靠性。

目前，基于 CMOS 技术的电子元件已走向其工作性能的极限，需要有新的结构设计来降低元件的工作温度。基于此，数据中心冷却的核心是控制芯片的最高温度。

3.1　服务器芯片风冷散热技术存在的问题

目前数据中心大都采用风冷的形式对 CPU 芯片进行冷却，风冷结构的优点是可靠性很强，无论是服务器内部还是机房空调系统硬件的设计，其技术都比较成熟。尤其是近年对于机房送回风温度、送回风系统方式的优化设计，使得数据中心风冷散热的效率不断提高。此外，服务器基板 CPU 与散热器的配套设计具有标准化的模式，虽然散热器的种类形式各异，但是组装方法基本上可以做到标准化或规范化，有利于大规模生产，这给生产厂家带来极大的方便。

3.1.1　传热效率相对较低

目前风冷式芯片散热器的结构是，在铝质或铜质的散热器底板上镶有翅片，考虑到发热芯片与散热底板间的面积比相对较大（扩散热阻较大），在芯片与散热器之间增设一块热扩散板，又称为均温板。同时为了减小芯片与散热器之间的导热热阻，在其间装设有良好的导热材料。散热器翅片发出的热量通过机架或基板上的风扇以强迫对流的方式散到环境中，这种方式除了风扇产生极大的噪声外，风扇所产生的能耗约占冷却能耗的 30％以上。

3.1.2　风冷散热器成本较高

为了减小风冷散热器的扩散热阻，散热器的底板一般采用铜质材料或是装有热管的铝质底板，翅片均采用铝质。由于铜质底板质量较重，造价也高。例如一个 24U 的服务器机架要装 96 个散热器，规模中等的数据中心至少具有 100 个机柜以上，可以想象机架的承重以及成本都非常大。为了降低有色金属消耗和重量，可将铜质底板改为铝质，但铝质的导热系数比铜质的要小 1/3 左右。为了弥补导热热阻增大造成的缺陷，在铝质底板上加装热管。散热器底板排布热管并非直接用于 CPU 的散热，其主要目的是利用热管极高的导热能力，将 CPU 的热量快速分散至散热器整个底板。底板温度梯度越小，温度越均匀，这样可以显著提高翅片的散热效率。

这类风冷散热器的结构与传统方式的风冷散热器相比较，有效提高了散热效率，综合节能效果可达 10%～15% 以上，但相对提高了投资成本。

3.1.3　风冷散热器的散热极限

目前，数据中心服务器 CPU 的热流密度一般小于 $50W/cm^2$，如果热流密度进一步增大，可以进一步减低进风温度或提高风速。研究表明换热系数与风速关系为 $h \propto u^{0.8}$，压力损失与风速的关系为 $\Delta P \propto u^2$，产生的噪声与风速的关系为 $U \propto u^5$。实验研究也发现，如果芯片热流密度超过 $50W/cm^2$ 时，即使增大风速，对其冷却作用已经不明显。如果进一步降低进风的温度，除了增加制冷机组的能耗外，安装芯片的基板温度有可能降到露点温度，这将带来新的问题。

芯片温度是保证 CPU 正常工作和 ICT 装置系统可靠性的重要指标，对单体芯片来说，一般要求其最高温度低于 85～95℃（根据芯片种类和工作特性不同）。例如 Intel/CPU 芯片，要求其封装组件温度不高于 68～75℃。针对大型服务器系统，会要求系统内所有 CPU 芯片甚至其他主要电子元件的温度远远低于上述单体温度要求，达到 60℃ 以下。显然风冷散热器根本无法满足上述要求。

前已述及，基于 CMOS 技术的电子元件已走向其工作性能的极限，随着人工智能、物联网以及随之而来的 5G 等高新技术和相关应用的不断发展，对于支持这些高容量大数据信息传送与网络处理的信息与通信技术装置和数据中心系统来说，从架构设计到封装密度等许多方面都提出了新的要求。

众所周知，高性能的服务器除了带来 CPU 散热量持续增高以外，主要是加剧了芯片局部表面温度增高，从而形成更大的温度梯度，或者说芯片的大部分能量都集结在一些热点上，这是直接影响中央处理器稳定运行的主要因素。

尤其是随着对服务器性能要求的提高，CPU 的结构体系已经由单一芯片向多核芯片发展，那么在芯片表面也就出现了更多的热点。优化热点分布自然成为封装热控制研究中的关键问题，而且能耗与结点温度有直接的联系。

显然，该问题的出现已非风冷散热方式所能解决，因为风冷散热器的弊端是散热底板存在较大的温度梯度，均温板（包括热管）的加入虽然可以使温度梯度得到有效缓解，但是芯片、均温板、散热器底板三者间的较大的面积比以及导热热阻，都直接影响了散热器底板温度的均匀性。而水冷散热器底板的面积可以与 CPU 包括（组合）其他高热流密度元件的面积相等，所以这种冷却方式的效率是风冷散热器无法比拟的。

3.2　服务器液冷散热方式的提出

近年来，随着人工智能（Artificial Intelligence，AI）、大规模物联网（Internet of

Things，IoT，Internet of Everything/IoE）和新一代移动通信网络（the 5th Generation mobile networks/5G）等高新技术及其相关应用的不断发展，对于支持这些大规模高速数据处理和网络传送的高性能服务器等信息与通信技术装置（Information and Communication Technology，ICT）以及维护系统安全运行的数据中心（Internet Data Center，IDC）来说，为了能够提供并保障更进一步的高性能和高效率运行，在系统架构和封装密度，以至冷却方式的设计等诸多方面都提出了新的要求。高性能需求继续推动着电子元件高密度封装技术的快速发展，伴随对能源利用效率要求的不断提高，如何解决随之产生的高热流冷却和高效率换热问题，成为促进当前数据中心冷却技术发展的当务之急和所面临的最重要挑战，也使得相关行业重新考虑包括液冷在内更加有效的冷却方式及其应用技术的推广。其中，作为核心部件的高性能微处理器 CPU/GPU、大容量存储器 DRAM/HBM 以及高密度封装和低消费电力技术水平，将继续引导从装置到系统的能力必须进一步提高。

与现有技术相比，5 年后高性能服务器 CPU 芯片的封装密度将趋近于实现 3 纳米节点技术，信号传送与计算处理能力将提升为现在的 1.5 倍。而在冷却与系统运行方面，芯片的消费电力或者发热量将达到现在的 1.5 倍以上，并且随着封装密度进一步的提高（趋近于 1.0nm）而显著增大。同时，随着封装密度与工作性能的提高，芯片自身的特征尺寸（表面积等）呈缩小趋势，由此也将导致芯片表面热流密度的剧增。对于高性能服务器 CPU 芯片而言，与当今 $20\sim50W/cm^2$ 相比，今后芯片的平均表面热流密度将会达到 $100W/cm^2$ 以上，进而对从元件到系统的冷却技术与运行方式均提出极大的挑战。

显然，计算机软硬件的技术需求将水冷方式推到了前台。有关冷却技术的中期发展预测，根据一项在 2014 年发表的对世界范围 800 多家数据中心相关行业和机构进行的技术调查，给出了液冷方式在高性能 ICT 及数据中心中的应用预测。如图 3.2-1 所示，预计到 2025 年将有超过 60％的高性能 ICT 装置及系统会考虑采用各种形式的液冷方式，另有 20％的系统将会引入包括环境送风在内的自然冷却方式，而只有接近 20％的装置及系统被认为将维持现有的依靠室内空调冷却的空冷方式。由此可见，不仅是冷却能力和能源效率的提高，液冷方式在降低设备与运行成本、促进排热利用和能量回收等诸多方面的潜在能力也正在得到相关行业的高度重视。

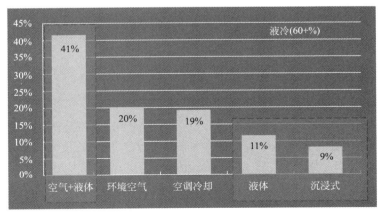

图 3.2-1　液冷方式在高性能数据中心中的应用预测

3.3 数据中心液冷方式的技术现状

对于设置在数据中心内的各种服务器及其他高性能 ICT 装置而言，其冷却方式的选择取决于包括从芯片到基板（CPU/GPU，board），从机柜到系统（cabinet/rack，system）等各个部分的架构设计、封装密度和能耗水平。与传统空气冷却方式（空冷方式）相对比，可以把应用于 ICT 装置的液体冷却（液冷方式）定义为将液态冷却液直接输送到装置内 CPU 芯片等电子元件或封装组件（packages）的表面，通过对流（包括单相或相变化）和导热而实现的传热方式，其特点是在液态冷却液和电子元件之间不存在任何以空气作为中间介质的换热过程。液冷方式虽然早在 20 世纪 60 年代以后就曾被应用于 IBM、Cray以及 Fujitsu 的早期大型计算机系统，但时至今日，大多数的 ICT 装置及数据中心仍然维持着传统的空冷方式。除了对设备投资以及系统运行复杂性的考量之外，也由于微电子和封装技术的进步在很大程度上抑制了包括 CPU 在内的电子元件能源（电力）消费的高速增长，此外，大规模装置设计和数据中心运行的产业特点也决定了替代技术引入的周期，这些都可以被认为是当前影响液冷应用得到进一步推广的主要原因。

另一方面，特别是近十年以来，液冷方式在许多高性能计算（High Performance Computing，HPC）系统中的应用实践，及其在提高冷却能力和减少能源消费等方面的有效验证，已经得到包括装置设计和系统运行等相关行业的广泛关注，被认为是对应将来高热流冷却和高效率换热的主要技术方向。表 3.3-1 列出了国际超级计算机评审权威机构 SC（Super-Computer）TOP500 在 2019 年 11 月发表的最新世界最强超算排行榜中采用了液冷方式的代表性装置及系统，其中 TOP500 排名表示了系统的最高运算性能，Green500排名表示了系统的能源（电力）利用效率，表中的各种装置均采用了冷却水强制循环的液冷方式。

液冷方式在世界最强超算系统中应用（2019 年 11 月）　　　　　　表 3.3-1

装置系统	TOP500 排名	Green500 排名	运算性能	能源效率
Summit：IBM/USA	1	5	148.6PF/s	14.7GF/W
Sierra：IBM/USA	2	10	94.6	12.7
Sunway TaihuLight：NRCPC/China	3	35	93.0	6.5
ABCI：Fujitsu/Japan	8	6	20.0	14.4
AB4FX prototype：Fujitsu/Japan	159	1	2.0	16.9

近几年来，包括太湖之光、天河二号以及美国和日本推出的世界最高性能超算系统在内，液冷方式在高性能计算领域中的应用得到不断扩大，相关的技术创新和设计理念也正在逐渐被推广到 AI 及边缘计算（Edge Computing）等新型装置的开发和运行中。

作为针对液冷方式在高性能 ICT 装置及系统中应用探讨的技术概述，本章将在对冷却技术和行业要求进行综合调查的基础上，从工程应用角度对液冷方式的基本理念和设计思想做出概要性归纳，并根据实际开发和设计经验具体分析液冷方式的不同形态和技术特性，通过对系统案例和综合效果的说明，希望能够为相关技术探讨和发展预测提供参考。

3.4　液冷方式应用的基本理念

发生在数据中心内的冷却过程主要由两方面构成，即电子元件及装置的冷却和设施环境及设备的热管理，如图 3.4-1 所示，两者紧密结合又相互影响。冷却设计的目的是要在保障各种电子元件及装置系统可靠运行的同时，结合冷却介质与设施冷冻和空调设备间的各种流动及换热过程，实现向外界环境的放热并达到要求的能源（电力）利用效率。

在电子元件及装置的冷却方面，有关冷却能力的评价主要是针对芯片吸热和装置放热两个部分。如上所述，由于液冷方式是通过冷却液对流和结合层导热过程直接吸收 CPU等电子元件产生的热量，基于冷却液自身良好的热物性和传热机理，在同样换热温差条件下，液冷方式的芯片级冷却能力可以达到空冷方式的数倍甚至数十倍以上。而且，由于冷却液的单位容积热量输送能力可以达到空气的 3000 倍以上，所以即使在相对低流量情况下，液冷方式的装置级放热能力也可以达到空冷方式的数倍以上。对于空冷方式来说，对应 CPU/GPU 等高热流电子元件的大尺度空冷散热器（heatsinks）在很大程度上影响了基板上和机柜内元件封装密度的提高，同时，风力损失和噪声及可靠性（风扇转速等）因素也限制了装置内冷却风量的增大。相关行业一般将数据中心内标准机柜（幅宽 19 英寸）的装置级空冷能力规定在 15～25kW 范围，而同等条件下的液冷能力则可以被设计在100～200kW 甚至更高。

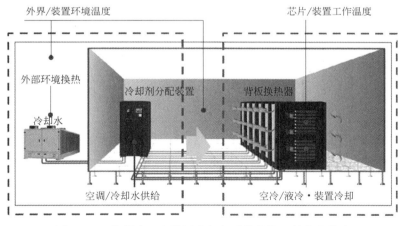

图 3.4-1　数据中心内装置冷却与系统热管理的基本构成

在设施环境及设备的热管理方面，由于大幅度减少甚至消除了室内空调和机柜内冷却用风扇的设置，而且在同样换热要求下驱动液冷循环（液体泵等）所需的电力远远低于空冷换热时各级风扇的耗电，与空冷相比，液冷方式在设置环境和装置冷却方面可以大量减少冷却用电力消费，实现很高的电力利用效率。设定 1 台 20kW 放热要求的装置机柜，表 3.4-1 中分别给出了空冷、水冷和混合冷却（水冷 50％＋空冷 50％）设计时所需要冷却风量、冷却水量和相应电力消费的预测。如上所述，高效率热量传输特性使得液冷方式所需的冷却水容积流量只有空冷风量的千分之一，所产生的耗电也只是空冷的十分之一以下，因此，即使在同样冷冻设施条件下，液冷方式预计可以减少 40％以上的冷却用电力消费。

另一方面，在实际冷却设计中，要达到表 3.4-1 中所示 100m³/min，机柜风量的空冷极限将是非常困难的，而使用高温液冷方式则可以在达到空冷以上冷却效果的同时，大幅度降低甚至消除冷冻设施的电力消费，这些也都从不同方面说明了应用液冷方式可以大幅度超越空冷的能力极限，并为进一步推动 ICT 装置的高性能化和提高数据中心能源利用效率做出贡献。

针对 20kW 装置/机柜的冷却方式与能效分析　　　　　　　　表 3.4-1

冷却方式	冷却要求	室内空调/冷却水		机柜风扇	冷冻设施
		风量/流量	消费电力	消费电力	消费电力
空冷 100%	20kW/机柜 -冷媒进出口温差 空冷 10℃ 水冷 5℃ -冷冻设施 COP 5	90～100m³/min	2.5～3.0kW	1.5～2.5kW	4.0kW
水冷 100%		0.06～0.1m³/min	0.1～0.2kW	—	4.0kW
水冷 50%＋空冷 50%		50m³/min	1.5kW	1.0kW	4.0kW

综合上述说明，对于数据中心内大规模 ICT 装置和系统来说，选择液冷方式的推动力及其应用效果可以归纳为以下几个主要方面：

（1）对应于不断提高的能源利用效率要求，降低 ICT 装置和设施环境冷却用电力消费。

（2）提供稳定的冷却与温度环境，提高装置性能、系统可靠性和运行效率。

（3）推动数据中心的排热利用和能源回收，促进相关技术的创新和应用推广。

（4）优化数据中心内服务器等 ICT 装置的设置，改善运行环境，降低投资及运行费用。

此外，随着在 HPC 领域中的应用得到不断扩大，液冷方式也在对应 AI 与边缘计算、恶劣环境与地区选择以及减少室内与环境热排放等诸多方面都表现出明显优于空冷方式的特性和应用潜力，相关技术创新和设计理念正被逐渐推广并应用到新型装置和系统的开发中。

3.5　服务器芯片液冷散热的形式

风冷与液冷散热的形式，是按照芯片散出的热量由机柜服务器进入制冷机组冷却水系统的方式而不同，风冷利用机组与循环空气换热带走芯片热量，水冷则直接通过循环冷却水带走热量。

对应于前述冷却理念与应用效果的分析，液冷方式的设计是根据装置构成和设置环境的特点，通过各种换热过程及冷却结构的结合来实现的。其中，作为设计核心部分的针对 CPU 芯片等高热流密度电子元件的冷却从大类上可分类为导热型传热（Conductive）和浸没型传热（Immersive）两种方式（图 3.5-1），区别在于冷却液是否与电子元件或其封装体发生直接性的物理接触。

根据国内液冷技术的应用现状，其中导热型传热又分为间接式和直接式。需要说明的是，在所述的液冷方式中并不是所有的发热元器件均采用液体冷却，一般都是对 CPU 芯片进行液冷，其他如内存条等发热元件仍然采用风冷。由于 CPU 是服务器机柜最主要也

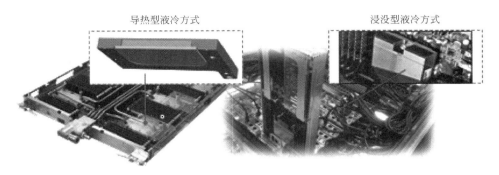
导热型液冷方式　　　　　　　　　　浸没型液冷方式

图 3.5-1　液冷方式的分类：导热型和浸没型液冷方式

是冷却能耗最大的单元，而其他发热元件所需的风机的能耗（包括噪声）非常小，所以这类服务器机柜也称为液冷/风冷混合式冷却系统。

3.5.1　间接式热管水冷散热技术

这种间接式热管水冷散热器，其原理是利用环路热管进行间接冷却，热管的蒸发器相当于是一个液-空气换热器；热管的冷凝器相当于是液-水换热器。蒸发器与冷凝器之间用 2～3 根铜管封闭连接构成环路热管，铜管内充灌冷却介质。热管蒸发器的一端贴附于 CPU 芯片，冷凝器通过铜管引到服务器机架外，冷却介质在蒸发器吸热蒸发将 CPU 的热量传至冷凝器，冷却介质在冷凝器放热，外部冷却循环水将冷凝器的热量带走。即外部的冷却循环水通过一组环路热管与 CPU 间接进行换热。其结构如图 3.5-2、图 3.5-3 所示。

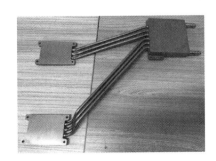

图 3.5-2　间接式热管水冷散热器

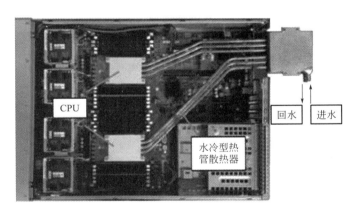

图 3.5-3　间接式热管水冷散热器应用实例

但出于几个方面的考虑，目前间接式热管水冷技术在国内一些数据中心得到推广应用。主要原因在于：（1）水冷泄露的弊端使得部分运营商难以接受（其实按照目前的技术水平已经不是主要的问题）；（2）厂商可以将服务器作为一个独立的整体出售，与外部的冷却水系统完全隔开，以此保证服务器内的"安全性"；（3）由于服务器基板与外部的冷却水系统通过一个快速插拔式接头隔开，即冷却水不进入服务器机架，当然也就不存在冷却水泄露问题，维护也比较方便；（4）机房冷却水系统的维护维修（水质更换、监测）也可独立进行等。

该散热器虽然也属于液冷方式，但外部冷却循环水并不是与 CPU 芯片直接换热，而是利用环路热管超强的导热能力将热量传给热管的冷凝器，外部冷却水再与冷凝器换热最终将热量传出。这种方式对 CPU 芯片的冷却效率明显高于风冷散热，但是相对于将水冷换热器直接与 CPU 芯片表面接触效果要差很多。

3.5.2 散热器直接贴附 CPU 芯片表面散热

相对于间接式水冷技术，直接式水冷散热是一种间壁式结构的换热器，将一个水-空气（或水-水）热交换热器直接贴附在 CPU 芯片的表面，"冷板"直接与芯片换热。目前有多种形式结构的单体水冷散热器。不同散热器配有不同形式的封盖，冷却水从上盖进入散热器本体，进水、流向以及喷射方式也具有多种选择。

水冷散热器一般不单体使用，都是采用多个并联（亦可串联）固定在服务器基板上对芯片直接进行冷却，其中槽道式水冷散热器应用于基板 CPU 芯片冷却举例如图 3.5-4 所示。

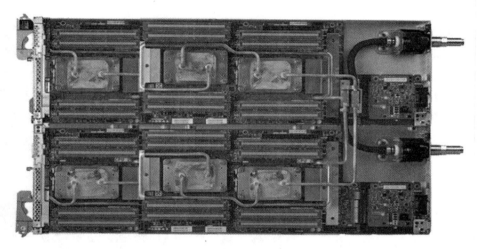

图 3.5-4　并联式槽道水冷散热器服务器基板

水冷散热方式具有很高的散热性能，而且目前在国内外方案设计也日臻成熟，虽未大面积普及应用，但在市场上也占有一定的份额。例如：中国曙光的 TC4600E-LP G3 产品是曙光液冷的主力，是第三代升级产品，其内部增加了更多的散热冷板，特别是对于内存条也提供了散热的支持，在液冷介质的接口上采用了无滴漏快速接头，应用更安全。这种水冷服务器在国内尚未成规模应用于数据中心 CPU 的冷却，许多运营商除存在液体泄露的顾虑外，关键的问题是水冷技术方案必须针对服务器基板器件重新设计，目前，与风冷技术相比，它尚不能做到成规模的规范化设计生产，其中有技术问题，也有设计理念的创新问题，而且后者要通过一定的时间加以解决。

3.5.3 导热型水冷散热器应用技术现状

导热型（液冷式散热器的统称）冷却是当前高性能 ICT 装置中应用最广泛的液冷方式，由于冷却液与电子元件不发生直接接触，通常采用冷却水或高性能冷却工质通过不同形式的冷板（液冷元件）导热吸收来自冷却对象（电子元件）的热量，而浸没型冷却则是采用非导电绝缘性冷却液（包括氟流体或油基工质等）与电子元件或其封装体表面的直接接触，通过对流换热（包括单相或相变过程）吸收电子元件的放热，由于不需要冷板联结等复杂的管路及密封构造，在特定条件下适用于更高密度封装电子元件及装置的冷却应用。当然，选用低沸点冷却工质实现液体界面的相变（沸腾）换热，可大幅度提高表面对流传热系数并减少所需的冷却工质循环量，加上被抑制的冷却液自身的温度升高，与单项换热相比这些因素都可以有力促进上述液冷方式冷却能力的提高。

从芯片吸热到环境放热，依据中间过程热量传送方法的不同，液冷方式往往会由不同的换热过程构成并表现出不同的冷却特性和效果，以导热型液冷为例，表 3.5-1 归纳了开放式与封闭式冷却液循环过程不同的换热构成。对于开放式循环，ICT 装置内的冷却液是由设置在机房内的冷水换热器或者直接由数据中心冷却设施（包括冷水机或冷却塔）提供，其特点是从芯片吸热到环境放热的各个热交换过程都是通过冷却水或不同的冷却液循环来实现的，中间没有以空气作为冷却介质的换热过程，从而在实现高冷却能力的同时，可以达到很高的换热效率。

导热型液冷的冷却液循环方式与换热过程　　　　　　　　　　　表 3.5-1

导热型液冷方式	石片/基板冷却	装置换热	机房换热	数据中心换热	环量换热
开放式冷却液循环	冷却水，水系冷却液等	—	1 次冷水（CDU）	设施冷水机组，冷冻设备等	室外冷却塔，换热器等
封闭式冷却液循环		室内空调	1 次冷水（CRAH）		

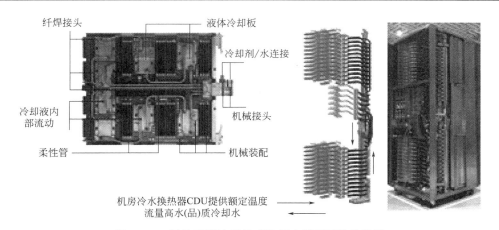

图 3.5-5　导热型液冷开放式冷却水循环系统的设计

在图 3.5-5 所示的设计案例中，由机房冷水换热器 CDU 提供的冷却水通过机柜内的分配系统被输送到各基板，通过装载在各个 CPU 等高发热电子元件上的冷板（cold plate）吸收热量，被加热的冷却水回到 CDU 与机房低温冷水进行热交换后，再被提供给装置构成冷却水强制对流循环。

在封闭式冷却液循环中，如图 3.5-6 的设计案例所示，在冷板内吸收热量后的冷却液被输送到设置在基板或机柜内的空冷换热器中，通过外部强制空冷降温后再被送回冷板，冷却液的循环和包括放热在内的热交换过程仅限于基板或机柜内进行。这种方式的特点是不需要机房或外部冷却设施提供低温冷水，由于从 ICT 装置整体来看等同于传统的空冷方

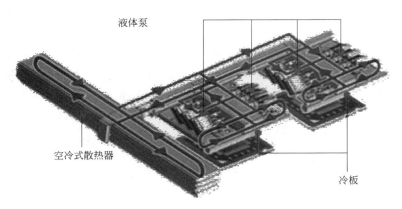

图 3.5-6　导热型液冷封闭式冷却液循环系统的设计

式，因此在减少空调负荷提高能源利用效率方面无法得到改善。但采用冷却液传输热量的方法可以大幅度增加高性能电子元件及相应基板的封装密度，将热量从狭小空间输送到装置内其他余裕部分实施集中换热，可以在改善空冷换热效率的同时提高装置整体的封装密度或空间利用率。对于图中基板间距小于 30mm、CPU 芯片沿风向纵列封装的情况来说，采用上述局部液冷方式可以将空冷散热器（heat sink）冷却极限由约 150W/CPU 提高到350W/CPU 以上。

在导热型液冷基础上，由包括液冷和空冷共同组成的混合型冷却方式在许多高性能 ICT 装置和超算系统中得到应用。如图 3.5-7 所示，在一块高密度封装的导热型液冷基板上，除 CPU 芯片等高发热电子元件是通过冷板进行液冷外，存储卡等其他低发热元件是通过空气强制对流方式进行冷却的。

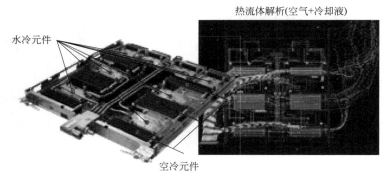

图 3.5-7　液冷＋空冷混合型冷却方式

与完全液冷相比，这种混合型冷却方式的最大特点是可以在很大程度上减少液冷系统构造的复杂性，在改善装置封装密度的同时，提高冷却效率并降低冷却元件的制造和维护成本，但由于空冷系统热阻的增加，相关液冷方式的应用效果也会在一定程度上受到削弱。

3.6　服务器整体浸没式冷却

关于服务器基板全浸没式液体冷却早已成为热门话题，也是未来发展的重要技术。与技术相对成熟的导热型水冷散热方式不同，目前全浸没式液冷仍然被认为处于初级阶段，也是各大企业研发的主要方向。针对大型 ICT 装置的应用往往是将各类基板和包括存储、通信和供电在内的各种元件及装置完全浸没在装满非导电绝缘工作液体的冷却槽内。日本富士通研发的高端全浸没非相变液冷散热器，将计算、存储、网络等多种模块直接浸没在一个容器里，服务器的外壳是一个盆状的容器，如图 3.6-1 所示。

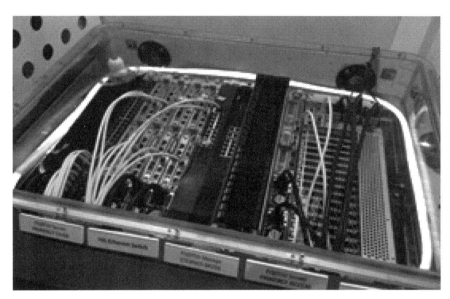

图 3.6-1　日本富士通高端浸没非相变液冷散热器

　　浸没式与前述液冷技术相比，全浸没具备体积小、密度高的特性，而且无需更多体积更大的服务器机柜。中科曙光提出一款 I620-M20 的全浸没式液冷服务器，已经交付商用系统。更进一步，如果能够实现冷却液在电子元件或封装表面的相变（沸腾）传热，将大幅度提高浸没方式的冷却能力，这就是带有相变的全浸没式液冷，图 3.6-2 给出了该液冷方式的系统结构。通过冷却液在电子元件或封装体表面的强制对流（液体单项对流或相变沸腾等）直接吸收热量达到冷却目的。被加热后的冷却液通过强制循环管路被送到装置外的机房冷水换热器 CDU 内进行降温冷却后再被送回到冷却槽内，或者可以将机房冷水换热器（冷水盘管）直接设置在冷却槽内实现对冷却液的降温换热。浸没型液冷的主要特点是便于实现对装置的完全液冷，除了装置不需要冷却风扇之外，数据中心内的设置环境也不需要针对装置热负荷的空调设施。所述这些都会很大程度降低数据中心的冷却电力消费，进而改善系统能源利用效率。

　　全浸没的液冷技术和超级计算机给数据中心冷却技术带来了全新的设计理念。未来，随着超级计算机或负荷较大的数据中心系统能耗的巨幅攀升，浸没式冷却的散热方式必将受到越来越多用户的青睐。

　　目前全浸没液冷技术尚未得到推广应用原因很多，归纳起来主要表现在成本与运行效率和系统泄漏两个方面：

　　（1）成本与运行效率。服务器等置于备有绝缘冷却液专用的箱体中，真正发挥冷却作用的液体只是与发热元件接触的部分，其他部分的冷却液只是为了保证液面高度，所以无

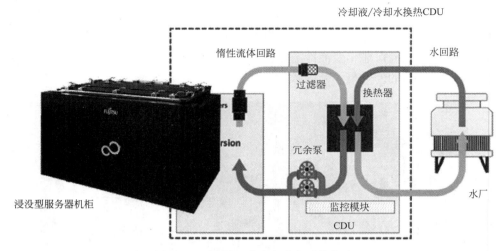

图 3.6-2　浸没型液冷方式的系统构成

效空间占据了密封冷却箱一定的体积。绝缘冷却液目前用得比较多的是 3M 公司的 FC3283，价格较为昂贵。对于 IT 设备总功率在 200kW 以上的大型数据中心来说，尚不能满足无效空间的填充，以保证较少的氟化液能达到较高的页面高度。而且这种液体要自然蒸发消耗。日本高端全浸没非相变液冷散热器冷却液的蒸发速度相当慢，即便如此一年的损耗也在千分之五左右，因此浸没式冷却系统的投资较为巨大。

（2）仓内压力不稳导致系统泄漏。两相浸没式原理在于发热元件使冷却液沸腾，需要设置工质泵进行箱体内外冷却液的循环。然而如何实现冷却液的循环和工况稳定，包括仓内压力变化与泄露问题的控制，在封闭环境中表现得更加困难。只有 CPU 负载恒定不变时，才能够保证密封系统的压力不变进而保证零压而消除泄漏问题，这当然是非常困难的。服务器的负载总是要随任务的变化而不断变化，从而导致密封仓内的压力时而为正、时而为负，进而导致出现泄漏的可能性，同时带来装置封装密度不足而产生的高价冷却液的大量使用。

所以从实际应用的考虑出发，浸没型液冷在适用范围，系统维护以及冷却与成本效率等方面还存在着许多需要进一步考察并确认的课题。如对应于光传输和机械式存储等元件的浸没限制（适用范围），以及由于浸没均温而产生的针对某些低温要求元件的冷却限制（可靠性验证）等。

3.7　高密度封装技术的快速发展所带来的问题

对应于高密度封装技术的快速发展，必须提高从芯片到装置的高热流冷却能力。高密度封装技术分为芯片级和装置级两个方面，所产生的高热流冷却问题也主要来自这两方面的挑战。首先是高集成度 CPU/GPU 等高性能电子元件自身产生的芯片级高热流密度发热，其次是由这些高性能芯片和其他大容量存储、电源、控制和网络等元件高密度封装后产生的装置级容积型高密度放热。

关于芯片级高热流密度发热，表 3.7-1 中给出了国际电力与电子工程领域权威机构 IEEE/IDRS 于 2017 年发布的服务器用 CPU 芯片的特性预测，随着封装密度的不断提高（封装密度＜7nm，CPU 核心＞50，晶体管＞100M/mm^2），预计在今后 5 年内芯片级发热量将增长为当前的 1.5 倍，并且随着封装密度的进一步提高（2025 年后，gate＜3nm，cores＞70），增长率呈显著加大趋势。

高密度封装 CPU 芯片的性能预测（IEEE/IDRS Roadmap 2017）　　表 3.7-1

	2017	2018	2020	2022	2024	2026	2028	2030
CPU 核心	28	32	42	50	58	66	70	70
封装密度（nm）	10	10	7	5	3	2.5	2.1	1.5
传送速率（GHz）	2.50	2.75	3.10	3.30	3.50	3.70	3.90	4.10
芯片发热（W）	205	215	237	262	288	318	351	387

同时，如图 3.7-1 所示，由于芯片自身特征尺寸（表面积）的不断缩小，更导致了芯片表面热流密度的剧烈增大，与当前高性能服务器用 CPU 芯片的表面平均热流密度大约为 30～50W/cm^2 相比，预测 5 年后将达到 100～150W/cm^2 以上。另一方面，对于许多 AI 装置和超级计算机用高性能封装芯片来说，由于大容量存储及控制元件的加入，其封装尺寸和总发热量会大幅度超过表 3.7-1 所示的数值，预计近几年内 CPU 或 GPU 封装芯片的发热量将达到 500～700W 甚至更高的水平。

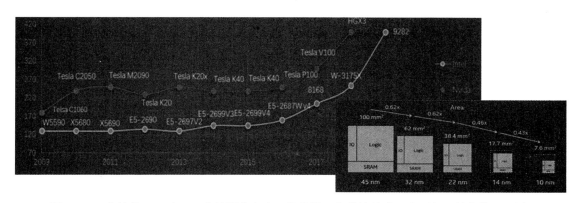

图 3.7-1　高性能 CPU/GPU 芯片消费电力（发热量）与特性尺寸（表面积）的变化（预测）

对于装置级容积型高密度放热，图 3.7-2 给出了数据中心内单机柜服务器装置放热量（电力消费）的增长趋势预测，随着高性能元件和高密度封装技术的快速发展，与当前高性能装置放热量约 15kW 相比，预计到 2025 年将增长 3 倍以上达到 60kW，远远超过前面所述相关行业所考虑的 12～25kW 的空冷极限。

作为水冷装置及系统的设计实例，表 3.7-2 归纳了富士通近年推出的两代水冷超算系统（FX10/2012 年，FX100/2015 年）的机柜放热量与运行参数。

在相隔 3 年的期间里，从冷却能力到运行效率等方面都表现出很大幅度的增长和改善。此外，从前面提到 2019 年 11 月发布的最新世界超算排行榜中也可以看到，排名前列大规模系统的机柜放热量都超过了 50kW，而且均采用了不同形式的液冷方式。

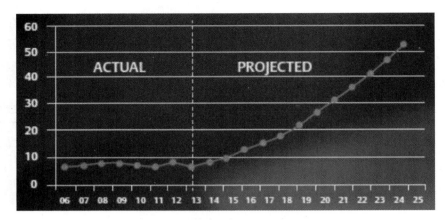

图 3.7-2 ICT 装置/机柜消费电力（放热量）变化趋势的预测

超算系统 Fujitsu PRIMEHPC FX10 和 FX100 的机柜水冷概要 表 3.7-2

超算系统	CPU 电力	机柜电力	CPU 冷却水	机柜冷却水	冷却形式
FX10/2012 年	143W	16kW	0.8L/min	42L/min	水冷 60％＋空冷 40％
FX100/2015 年	280W	70kW	0.5L/min	120L/min	水冷 90％＋空冷 10％

另一方面，高密度封装技术的发展不仅大力推动了从芯片到装置的数据处理和信息传送能力，而且还与运算效率紧密相关，如图 3.7-3 所示，IBM 的科学家们在归纳了一部分超算系统的单位能源运算速率（Computing efficiency，ops/J）与单位容积运算速率（Computing density，ops/s-L）的关系后，发现两者是呈对数比例相互增长，并且可以延伸到生物体的脑代谢与容积率关系。其中，单位容积运算速率直接代表了从芯片到装置的封装密度，由此可以预测高密度封装技术的发展同时也促进了 ICT 装置及系统运算与处理能源效率的提高。

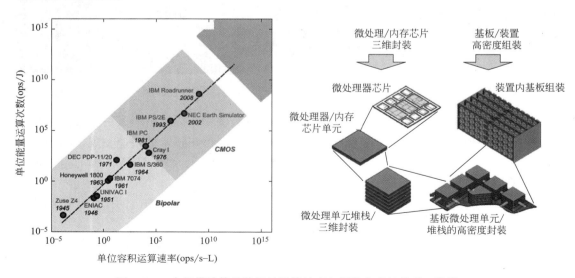

图 3.7-3 大规模计算机装置的运算效率与封装密度的关系（推测）

作为基板高密度封装的设计实例，图 3.7-4 给出了富士通超算系统 FX100（2016 年）和 IBM 超算系统 Summit（2019 年 11 月，No. 1/TOP500）的基板封装和水冷构造。

图 3.7-4　水冷超算系统的高密度封装基板（Fujitsu FX100，IBM Summit）

在 FX100 的每个 CPU 芯片封装周围，密集设置了包括存储、供电和光传送等数十个电子元件，为了提高冷却效率，除了水冷板覆盖的 CPU 芯片和存储元件之外，冷却水进出和分配管表面也根据内部水温变化被匹配用来针对电源和光传送等其他元件的冷却。在 Summit 的基板上，更是超高密度地封装了 2 个 CPU 和 6 个 GPU 高性能组件（每个发热量大约 300W），由于基板上已经没有空间可以设置各个冷水板的固定构造，在封装设计上创造性地将 3 个 GPU 用水冷板构成一体，通过表面加压方式实现了安定可靠的架构和冷却。

3.8　降低 ICT 装置和设施环境冷却用电力消费迫在眉睫

降低 ICT 装置和设施环境冷却用电力消费，以满足提高能源利用效率的要求。在传统空冷方式的数据中心中，ICT 装置和其他存储及电源设备的耗电约占总电力消费的 40%～50%，其电力消费的分布概要如图 3.8-1 所示，包括装置和设施在内的冷却耗电约占总消费电力的 40%。其中，冷冻设施的耗电约占冷却耗电的 50%，室内空调耗电约占冷却耗电的 30%。

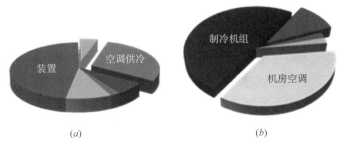

图 3.8-1　数据中心内电力消费基本构成

（a）数据中心电力消费概要；（b）数据中心内冷却电力消费概要

由于大幅度减少了室内空调和机柜风扇的使用，如上所述，与风冷相比，液冷方式原则上可以减少大约 40% 的冷却电力消费，由此，更进一步的节能目标是减少甚至消除冷冻设施用电，采用与环境自然换热相对高温的冷却水实现液冷方式的高性能换热特性也使得在满足 CPU 等电子元件同样温度要求的前提下，考虑采用相对高温冷却水的手段来消除数据中心冷冻设施的使用，达到减少冷冻机电力消费从而提高系统能源效率目的。

参考图 3.8-2，针对一台薄型服务器（厚度 1U，约 44.5mm）内 150W CPU 芯片的冷却，为保证芯片内部最高温度（T-junction）低于 80℃，空冷方式时，需要空气进口温度低于 27℃，而采用水冷方式时，进口水温只要低于 65℃ 即可满足要求。对于通常的数据中心来说，要获得 27℃ 的冷风需要冷冻设施驱动室内空调，而要获得 65℃ 的高温冷却水则可以通过与外界环境的直接换热来实现，不需要启动冷冻设施。冷冻设施的电力消费通常占了冷却耗电总量的 40% 以上，由此可见，液冷如采用提高冷却液温度的方式可以大幅度降低数据中心的能耗，提高系统能源利用效率。

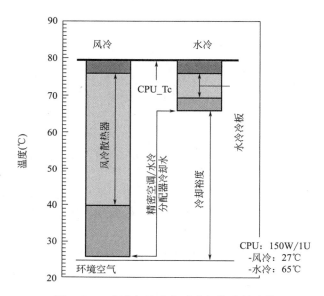

图 3.8-2　空冷与液冷方式冷却能力的比较

与能源利用效率的改善相联系，以美国数据中心近年来的电力消费状况以及今后的变化趋势为例，图 3.8-3 归纳了在这份 2014 年底发布的报告中，根据实际统计发现 2008 年前后的消费增长率从之前的将近 15% 降低到 4%，原因被认为是由于当时经济发展减缓而造成的对包括服务器在内数据中心行业投资的减少。2010 年以后，尽管 ICT 及数据中心行业重新得到了快速发展，但相关电力消费的增长率却进一步降低到 2% 以下，其主要原因则被认为是包括 ICT 装置和数据中心在内能源利用效率大幅度提高的效果，其中，高密度封装技术的推进和液冷技术的应用从装置和设施两方面起到了非常重要的促进作用。如图中所示，如果没有能源利用效率的改善，2010 年以后的电力消费将按照点划虚线增长，到 2018 年将达到实际消费的 2.5 倍以上。

图 3.8-3 同时显示出数据中心的电力消费主要由装置和设施两部分组成，如上分析，液冷技术的应用和创新促进了高密度封装技术的发展，进而保证了装置方面电力消费的大幅度降低，同时，空调和冷却用电力消费的大幅度降低也使得液冷方式对数据中心整体能

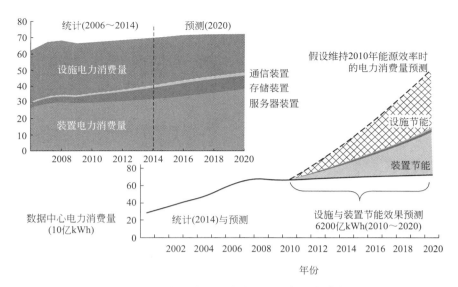

图 3.8-3　美国数据中心电力消费量的年度统计与预测

源效率的提高做出了重要贡献。

3.9　液/气双通道散热数据中心（中国移动南方基地）典型案例介绍

该案例就是前述 3.5.1 节间接式热管水冷散热形式，主要对 CPU 芯片进行液冷，其他如内存条等发热部件仍然采用风冷。

案例名称：液/气双通道散热数据中心

本案例数据中心机房面积为 $300m^2$，地处广东省广州市天河区。首期建设规模为 1 个微模块，共设计 14 个液冷服务器机柜，单机柜装机功率为 6kW，单机柜部署 15 台液冷服务器，总装机数量为 210 台液冷服务器；其余 3 个网络设备机柜，单机柜装机功率为 3kW。

1.冷却系统形式

针对 CPU 等高热流密度芯片采用冷板式液冷技术散热，对其他低热流密度芯片则采用气冷技术散热。因此，结合两种制冷方式在数据中心形成了液/气双通道散热系统。冷却系统原理如图 3.9-1 所示。

2.液冷散热系统

液冷散热系统是由热管水冷服务器、液冷分配单元、内/外循环管路、自然冷却单元和液冷温控单元组成的液冷循环散热系统。本案例液冷通道设计制冷量为 45kW，采用 1 主 1 备设计。

（1）热管水冷服务器

热管水冷服务器是一种安装了水冷式热管散热器的服务器，其中热管与 CPU 芯片表面接触，将 CPU 的发热量收集并传导至水冷板，再通过水流从水冷板带走热量。本案例

61

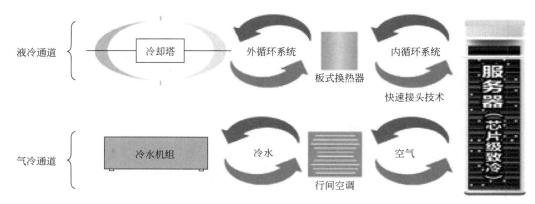

图 3.9-1　冷却系统原理图

中服务器单个 CPU 的散热设计功耗为 105W，单根热管的导热能力为 60W，因此每路 CPU 配置 2＋1（热管组合方式）根热管。

（2）液冷分配单元

液冷分配单元向各服务器的水冷式热管散热器均匀分配水量，由不锈钢立式歧管、高承压柔性软管和可插拔逆止防漏快速接头组成。本案例采用门框式设计，与机柜匹配安装。

（3）自然冷却单元

将室内水循环带来的热量通过自然冷却方式释放到外界环境中去。本案例基于经济性考虑，采用开式冷却塔。

（4）内/外循环管路

内/外循环管路是连接液冷分配单元和自然冷却单元的两级循环管路。内循环管路采用双环管同程设计，具备环路单点故障隔离功能，管路中采用去离子水保证水质。外循环管路与自然冷却单元均采用 1 主 1 备设计，并配置变频水泵和补液装置。

（5）液冷温控单元

液冷温控单元由板式换热器、内循环变频水泵、补液定压装置和控制系统等组成，实现内、外循环系统隔离，以及对液冷通道的水温、水流量、水压的智能监控等功能。其控制基本逻辑为调节外循环水泵频率控制内循环的出水温度，调节内循环水泵频率控制内循环的供回水压差，通过设置合适的出水温度和供回水压差，从而保证各热管水冷服务器满足高效散热要求。同时，控制系统具备了故障自动切换、计划性轮换、来电自启动等智能化功能。

3. 空气冷却散热系统

该系统通过气体循环通道封闭和行间空调形成的气冷循环散热和湿度调节系统，解决液冷散热无法带走的其余元器件发热量，并保持机房环境处于合适的湿度。通过提高空调送风温度至 30℃，降低气冷散热系统能耗。本案例中，气冷散热系统配置 4 台行间制冷空调并封闭冷通道，每台空调制冷量为 20kW，采用 3 主 1 备设计。

通过智能化系统对 IT 设备、冷却系统的功率、散热量进行监测，记录数据如表 3.9-1 所示

智能化系统监测数据　　　　　　　　　　　　　表 3.9-1

IT 设备功率（kW）		双通道散热系统	机柜	供水温度（℃）	回水温度（℃）	流量（m³/h）	散热量（kW）	功率（kW）
23.39	CPU：14.29	液冷散热系统	A09	29.98	34.08	0.59	13.99	0.93
			A11	29.98	34.35	0.59		
			B08	29.98	34.42	0.57		
			B09	29.98	34.76	0.56		
			B11	29.98	33.95	0.45		
	其余：9.1	气冷散热系统	行级空调	8.88	13.51	1.46	7.89	2.12

从表 3.9-1 数据可知，在服务器满载压测情况下，液冷散热系统带走的热量占总发热量约 60%，气冷散热系统带走的热量占比约 40%，整体冷却系统的实际运行能效 = IT 设备耗电/制冷设备耗电 = 23.39/3.05 = 7.67。

本 章 参 考 文 献

［1］诸凯.冷却电子芯片的平板热管散热器传热性能研究［J］.制冷学报，2007，28（6），18-22.

［2］王彬，诸凯，魏杰.不同翅柱结构的水冷芯片散热器散热与流动性能实验研究［J］.化工进展，2017，36（6）：2031-2037.

［3］诸凯.高热流密度器件热控制实验研究［J］.工程热物理学报，2009，30（10），1707-1709.

［4］王建惠，诸凯.两种高性能芯片散热器换热性能比较研究［J］.低温与超导，2014，42（3），40-43.

［5］诸凯.芯片冷却用热管散热器的数值模拟研究［J］.低温与超导，2009，37（7），48-54.

［6］诸凯.高性能热管散热器的实验研究与数值模拟［J］.工程热物理学报，2010，31（11），1945-1947.

［7］张莹，诸凯.用于大型服务器 CPU 冷却的散热器性能研究［J］.流体机械，2012，40（12），62-65.

［8］杨洋，诸凯，魏杰，等. Heat Dissipation Performance Analysis of High Heat Flux Radiator［C］.9th International Conference Green Power，2014，Tianjin.

［9］Emerson Network Power Report. Data Center 2025：Exploring the Possibilities［R］.2014.

［10］Wei J. Liquid cooling，opportunities & challenges toward effective and efficient applications［C］. IEEE CPMT Symposium，Kyoto，Japan，Nov. 18-20，2019.

［11］Wei J. Liquid Cooling for HPC Applications［C］.ECTC2015，San Diego，USA，May 28-30，2015.

［12］诸凯，王华峰，王建惠，等.带有强化换热结构的芯片散热器实验研究与数值模拟［J］.制冷学报，2015，36（2）：46-51.

［13］Yang Y，Zhu K，Wei J. Experimental investigation and visual observation of a vapor-liquid separated flat loop heat pipe evaporator［J］.Applied Thermal Engineering，2016，101（25）：71-78.

［14］诸凯，王彬，魏杰.用于芯片冷却的重力式热管散热器实验研究［J］.工程热物理学报，2017，36（8）：1111-1115.

［15］Neudorfer. Liquid Cooling Technology Update［R］. The Green Grid Report，2017.

［16］Ruch P. Toward five-dimensional scaling：How density improves efficiency in future computers［J］. IBM J. RES & DEV，Vol. 55，2011.

［17］Wei J. Strategies and Technologies in Cooling of Data-center Computer Equipment & Systems［C］.IHTC-16，Beijing，China，Aug. 10-15，2018.

［18］Shehabi A. United States Data Center Energy Usage Report［R］.LBNL，June 2016.

［19］中国移动南方基地.高效冷却数据中心典型案例评选材料［R］.2019，12.

第4章　数据中心空气冷却形式

目前国内数据中心的项目中，单机柜功耗绝大多数还是在 20kW 以下，采用空气冷却系统的项目为多数，也是目前主流冷却方式。本章节所说的空气冷却系统指以空气为传热介质把服务器中芯片的热量导出，与民用建筑空调系统设计的风冷却系统不是一个概念。

随着 IT 服务器单机柜功耗逐步增大，数据中心的能耗尤其是空调系统能耗越来越大，引起政府主管部门和建设单位的高度重视，从国家到地方主管部门，近年相继出台一系列政策，鼓励数据中心建设采用节能措施，提高能源利用效率，尤其是空调系统冷却效率更是从业人员关注重点。本章节叙述数据中心的空气冷却方式从房间级、列间级到机柜级的发展变化特点，与 IT 服务器设备协调配置，提高机房送回风温度、提高冷水供回温度对系统节能的贡献，在满载负荷、初期负荷、部分负荷时的节能设计运行策略。

4.1　空气冷却系统类型及特点

空气冷却系统类型主要是以机房气流组织形式、空调末端冷却布置位置作为划分依据。空调末端是把 IT 服务器散热带出机柜、机房的第一个热交换设备，只有先把热量带出机房，然后才能再通过其他换热环节把热量排至室外大气。空调末端换热效率的高低以及是否合理，对整个空调系统能效影响较大。根据 IT 机柜散热量，快速均匀地按需向机柜提供冷却风量是空调末端形式配置的原则，也是服务器空气冷却效果评价的重要标准。

4.1.1　房间级冷却方式

早期建设的数据中心 IT 服务器单机柜功耗比较低，大多在 1～2kW/机架，每个数据中心机柜数量及机房面积均较小，空调总体负荷不大；从事数据中心建设行业的各专业之间相互不了解，各专业之间沟通协作意识比较差，各自为战，机房冷却 IT 服务器的方式为粗放型，规范标准对 IT 服务器的冷却要求过于简单，只是对机房环境温度提一个标准。在《数据中心设计规范》GB 50174-2017 的附录 1 技术要求 A、B 房级机房工作环境温湿度标准为（23±1）℃，相对湿度为 40%～55%，一般都采用房间级空调室内机冷却方式。房间级空调室内机冷却方式冷却过程为：经过空调室内机冷却处理的低温风，通过架空地板、地板风口送入机房和机柜，然后由机柜内自带的风机吸入机柜，冷却机柜，高温空气排出机柜，通过机房上部回到空调室内机进行冷却处理循环使用。机房内气流组织见图 4.1-1。

由于空调室内机布置位置、台数、送风距离等原因，在实际项目中会造成机房内送风气流组织不均匀、送回风混合现象，机房内区域温差为 3～5℃，为保证最不利点的机房温度，其他部位送风温度比较低。一般机房回风温度在 24℃ 以下，送风温度在 14℃ 左右，由此就要求冷水供水温度比较低，能利用自然冷源的时间相对较少，这就造成空调冷却系

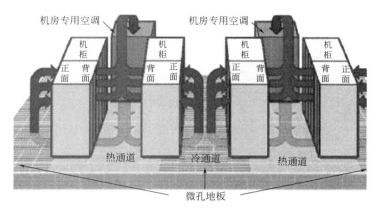

图 4.1-1　房间级机房气流组织示意图

统的能效比较低。因早期建设的数据中心单体体量不大，冷却能耗总量也不是很大，冷却方式带来的能源浪费没有引起数据中心行业的高度关注。随着数据中心 IT 服务器单机柜功耗的增加，服务器功率到了 3～5kW 时，如采用这种粗放性的气流组织使机房内区域温差进一步加大，使得要求的送风温度进一步降低，影响整个空调系统冷却效率。为了能提高送风温度，就必须减少机房区域温差。这就要对 IT 服务器机柜进行气流管理限制，采用封闭冷通道措施，把低温空气限制在冷通道（也称冷池）内，避免了和回风高温空气混合。送入机房的冷空气先进入冷通道，然后通过服务器机柜吸收热量，温升后排到机房内，避免冷热空气混合的现象。采用这样方式后，机房送风温度可以提高到 20℃甚至更高，冷水系统的供水温度随之也提高到 15℃，封闭冷通道机房气流组织示意图见图 4.1-2。

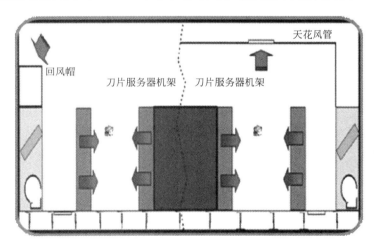

图 4.1-2　房间级封闭冷通道机房气流组织示意图

封闭冷通道只能通过有效减少区域温差、适当提高送风温度，保持机房大环境在比较合理的温度范围。如需进一步提高送风温度，封闭冷通道方式无法满足要求，需要采用封闭热通道方式。封闭热通道，整个机房环境温度基本等同送风温度，排风温度可以达到37℃以上，目前有案例到 41℃。这就有效地延长了自然冷源的使用时间，空调系统整体冷却效率提高、能耗降低。房间级封闭热通道机房气流组织示意图见图 4.1-3。

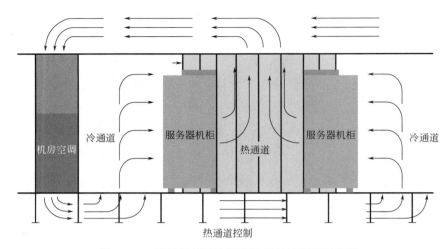

图 4.1-3　房间级封闭热通道机房气流组织示意图

随着近几年数据中心的发展，为了提高空调冷却系统的冷却效率，在室外空气质量符合要求、常年室外气温较低、气候干燥的地区，使用自然室外低温空气作为冷却系统的主冷源、机械制冷作为补充冷源的新风蒸发冷却系统也是房间级空调的一种形式。气流组织特点是封闭热通道，送风方式采用侧送、上部回风方式，气流组织示意图见图 4.1-4。

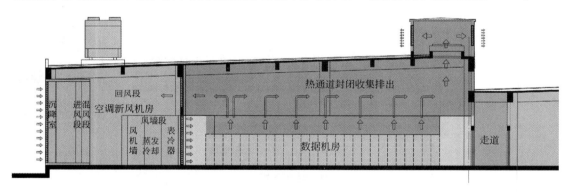

图 4.1-4　房间级新风蒸发冷却气流组织示意图

根据室外空气自然冷源的使用方式，可分为新风直接供冷风系统和间接供冷风系统。

直接供冷风系统原理如图 4.1-4 所示，将室外处理过的低温空气直接引入数据机房，实现机房降温，然后通过排风机将数据中心机房内部的热量排出至机房或室外。新风空气处理机组由过滤段、新回风混合段、温湿度处理段（蒸发冷却、表冷器）、风机段等组成，形式可为组合式空调机组形式或风墙形式。直接供冷风系统受雨雪、风沙、雾霾等天气的影响较大，空气温湿度及洁净度较难控制，系统需要不定期的清洗和更换过滤网，在室外空气条件不佳的地区维护工作量较大；并且空气处理机组或风墙占地面积较大，需要相应的建筑条件配合。因此直接供冷风系统仅适合于少数全年室外气温较低且空气品质较好的地区，一般情况下都不宜采用。

间接供冷风系统中室外新风不直接进入数据中心机房，其通过与室内空气热交换带走机房内服务器产生的热量，主要应用形式包括转轮换热新风空调系统和间接蒸发冷却空调系统等。

转轮换热新风冷却系统与直接使用自然冷源的新风空调系统相比，价格较贵，冷却效率有限，且体积庞大，目前在数据中心中应用案例较少。

间接蒸发冷却空调系统指机房室内回风与室外新风间接接触进行显热交换的空调冷却系统。室外新风通过间接蒸发冷却方式进行冷却降温，再与机房热通道内高温回风进行热交换，机房热通道的回风冷却后被送回机房冷通道。间接蒸发冷却空调系统室内空气不与室外空气接触，因此不受室外环境空气质量的影响，过滤器维护成本较低，目前间接蒸发冷却空调系统在数据中心建设中受到一定关注，最近几年使用的案例数量增长较快。这种系统空调机组占地面积较大，需要相应的建筑条件配合，同时，间接蒸发冷却空调机组室外集中布置时还要考虑局部热岛效应等问题，应在设计建设时协调考虑。以上讨论的间接蒸发冷却方式可获得的冷源温度一般不低于当时室外空气的湿球温度，因此在湿球温度接近室外干球温度的潮湿地区，这种方式并不适用。

根据最近几年数据中心建设应用统计，目前数据中心单机柜功耗低于 3kW 的很少，采用房间级空调冷却的实际案例基本为封闭冷（热）通道方式，其具备成本低、建设速度快、运行维护方便、调整灵活、适用客户范围广的特点，目前还是常采用的形式。

采用封闭热通道方可以提高机房送回风温度，延长自然冷源使用时间，是房间级空调方式的发展趋势。随着政府对数据中心能效 PUE 值限定越来越严，采用的会越来越多。

4.1.2 列（行）间级冷却方式

当 IT 服务器单机柜功耗进一步增加到 6kW 以上，采用房间级冷却方式时，按照冷通道内送风均匀温差小的要求，送给每个机柜风量因风速和面积限制，不能快速有效满足机柜的散热需求，列间级机房气流组织应运而生。列间级气流组织与房间级的最大区别就是以两列机柜形成独立的微模块为冷却单元，按照模块内的 IT 服务器散热总需求，配置空调室内机末端。空调末端直接布置机柜列内，按照机柜散热需求配置台数和单台容量，保证在短距离、短时间把低温空气直接送到机柜带走热量，高温空气从机柜的出风背面直接回至列间空调末端，然后进行冷却处理循环使用。列间级气流组织示意图见图 4.1-5。

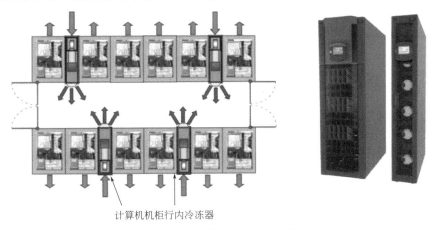

计算机机柜行内冷冻器

图 4.1-5 机房列间级气流组织示意图

与房间级冷却方式相比，具有下述优点：

（1）列间级冷却方式因空气冷却单元颗粒度减小，行间级空调冷却的末端可以真正实现大风量小温差的理念，干工况运行（无冷冻除湿功能），不需要再热（降低温度控制精度）和加湿，一般机房内采用温湿度独立控制，行间级空调冷却系统的末端设备负责机房温度的控制，湿度有独立设置的加湿系统承担。避免了房间级机房末端因环境区域温差大，造成末端空调设备运行出现恶性竞争的运行方式（部分末端降温、部分末端升温；或部分末端除湿、部分末端加湿），因送风距离短、风机功耗降低，温湿度控制合理有效，有效提高空调系统整体效率。

（2）从机房建设来看，列间级冷却方式可以降低活动地板高度或者取消活动地板，降低机房层高标准；同样 IT 总功耗的条件下，减少机房建筑面积；在客户不明确的条件下，因其机房气流组织的单元颗粒度小，每次启用一个单元模块即可，更适合分期分批建设。

列间级冷却方式：对于中高密度功耗的机房，单机柜在 6～15kW 之间的数据中心，因其技术成熟、投资较合理、冷却系统整体效率较高、性价比高的优点，成为目前工程常用的气流组织形式。

4.1.3　机柜级冷却方式

IT 服务器单机柜功耗进一步增加到 10kW 以上时，服务器的散热需求、送风量及散热速度也越来越高，列间级冷却方式不能做到对每台机柜都能及时快速按需冷却，机柜散热出现不均匀现象。机柜级空调以单个机柜热量为冷却单元，是解决高密机柜有效快速冷却的一种方式，机柜级气流组织对于每个机柜真正做到按需要配置空调末端。空调末端形式以背板为代表，背板是把空调末端换热装置制造成宽度和高度与机柜面板的尺寸一致，按安装位置分为前背板和后背板，实际应用中绝大多数采用后背板方式，机柜原有的后面板取消，把背板式空调末端安装在机柜的后面与机柜成一体。机房低温空气在机柜内部设备风扇的作用下，被吸入机柜并对设备进行降温，吸热后的空气流向安装在机柜背部的背板，经背板冷却处理后，送回至机房内循环冷却使用。背板式机柜级冷却气流组织见图 4.1-6。

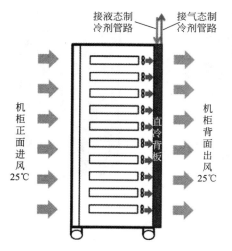

图 4.1-6　机房机柜级气流组织示意图

与其他形式的末端空调相比，背板空调技术有诸多优点。

（1）背板空调的冷却盘管更贴近热源，背板送风距离更短，经过机柜内芯片加热了的空气直接进入背板冷却器，彻底避免了与机房内冷风的掺混，因此使得进入冷却器的温度更高，这为提高冷水供、回水温度提供了条件。延长自然冷源使用时间，降低数据中心机房的空调能耗，比其他空气冷却方式更节能。

（2）避免了局部热点。数据中心里机柜内是最大的发热区域，不同的设备发热量也不同，造成了不同机柜内部和周围的温度有很大差别，这导致局部温度不均匀。背板空调由于紧挨着机柜，安装在每个机柜的背面，一对一冷却设备，直接对局部热点进行降温，达到消除局部热点的目的。

（3）背板与机柜合二为一，空调末端送风距离短，风路压降小，风机功耗低。有些产品本身不带风机，靠机柜风扇的动力循环空气，风机耗功更低。

（4）背板空调占用空间小，不需要再放置额外的空调设备，也取消架空地板，降低层高，节省数据中心内部的空间，在寸土寸金的数据中心机房里，单位面积上可以放置更多的业务设备，将有效提升数据中心的机房利用率。采用房间和列间冷却时，为了获得好的冷却效果，机架需要采用"面对面、背对背"摆放，形成冷、热通道。当数据中心机房采用背板空调时，所有的通道都变成了冷通道，机架不再需要采用"面对面、背对背"摆放，可采用顺序摆放，在数据中心机房空间设计上更加灵活。

采用风冷却 IT 服务器的空调设备末端，无论采用哪种方式，其送回风温差都是根据服务器本身排风扇的排风能力设置，和其相匹配。空调末端的送风温差一般要小于服务器本身进出口温差，实际送风量略高于机组需要风量，这样可以有效地避免冷热风的掺混。否则如果空调末端供给的风量低于服务器自带风扇需要的风量，则必然产生回流导致冷热风掺混。当然，空调末端的送回风温差也不宜过小，否则风机能耗会大幅度增加。当服务器负荷低时，IT 服务器机柜自带的 EC 风机会自动调整转速，降低吸入机组的风量；负荷增加时，EC 风机会自动调高转速，增加进入机柜的风量，以满足冷却降温需要，如果采用背板式末端，空调冷却风量就有可能与服务器风量同步变化。服务器内空气的进出口温差一般在 $12 \sim 15 ℃$，主流空调末端产品的风系统送回风温差一般为 $10 \sim 13 ℃$。

4.2　冷却输配系统及冷源排热过程分析

数据中心房间级、列（行）间级和机柜级空调末端的空气冷却系统形式，在机房内通过风机驱动下的空气循环，可将服务器产生的热量传递给空调末端中的载冷剂，进而通过冷却输配系统和冷源设备将此部分热量排至室外环境，降低输配系统和冷源设备功耗可以有效提高空调冷却系统效率。本节将以应用较广泛的数据中心水冷冷水系统为例，对其冷却输配系统及冷源排热过程进行分析。

4.2.1　空调末端换热

在空调末端内，来自服务器的高温回风在风机驱动下与表冷器盘管内低温冷水进行热交换，并将冷空气送入机房，实现降温过程。在此换热过程中，最小换热端差指送风温度与供水温度之差和回风温度与回水温度之差这两个温差的小者。由于一般情况下送回风温差大于供回水温差，因此送风温度与供水温度之差即为最小换热端差。

研究表明，空调末端表冷器盘管采用串联排布形式，可实现空气和冷水之间逆流换热，有利于降低最小换热端差，提高表冷器的换热效率，减小空调末端换热环节的温差损失。相比换热盘管多排并联形式，采用串联形式不会增加表冷器排数和风阻，表冷器盘管内水流速虽增加，导致水系统阻力增大，但由于冷水换热流程增长，供回水温差变大，在保证制冷量不变时，冷水系统流量降低，从而输配系统整体泵耗并不会显著增加。此外，随着冷水回水温度的升高，冷水机组蒸发温度提高，冷机 COP 有所提升。

目前业界实际工程项目中，主流厂家空调末端产品选取的冷水供回水温差设计值一般为 5～6℃，表冷器盘管排布方式大多采用 3～4 排管并联方式，此种排布方式可以降低空调末端的水系统阻力，但不利于减小最小换热端差，提高换热器效率。以房间级空调末端为例，表 4.2-1 为不同品牌空调末端在不同制冷量情况下的最小换热端差统计值，由表可知，目前主流空调厂家的房间级空调末端最小换热端差一般设计为 5～7℃。

房间级空调末端最小换热温差统计表 表 4. 2-1

型号	40kW	60kW	80kW	100kW	120kW
品牌一	5.8℃	5.0℃	6.0℃	5.8℃	7.2℃
品牌二	6.1℃	6.5℃	6.1℃	5.8℃	6.1℃
品牌三	6.7℃	6.0℃	7.5℃	6.2℃	6.8℃
品牌四	5.2℃	5.1℃	5.2℃	5.2℃	5.2℃

注：工况为冷水供回水温度 14℃/19℃，空调末端回风干球温度 32℃。

从提高空调末端表冷器换热效率的角度出发，可以考虑优化风-水换热的匹配性、减小最小换热端差，实现方式为将空调末端表冷器的排布方式改为串联流程，实现风-水逆流换热，同时增大冷水供回水温差，但是目前主流空调末端厂家尚无该类产品，需进一步研究跟进表冷器串联形式对空调末端尺寸的要求和冷水机组对冷水供回水大温差的适应性。同时，数据中心建设为一项综合工程，装机率、产品产业化等也是重要经济指标，故在综合考虑空调末端占地面积、采购产品链成熟等因素的前提下，可尝试增大冷水供回水温差，以提高空调末端换热效率，推动空调末端产品产业链的优化发展。

4.2.2 冷水供回水温度

对于目前数据中心广泛采用的集中式空调系统，其冷水系统供回水温度对整个空调冷却系统自然冷源使用时间、系统的能耗影响比较大，是提高空调冷却系统全年效率、降低冷却系统能耗的重要因素，提高供水温度是最经济、最方便、最有效的一种节能方式。目前是大家在众多节能技术中首先要关注的。

提高冷水的供回水温度的优点如下：

（1）较高的冷水水温能够提高冷水机组的制冷效率。按照主流电动压缩式冷水机组厂家的经验参数，冷水温度每提升 1℃，冷机能效可提高 2%～3% 左右，目前主流空调冷水主机厂家都在开发适用于数据中心大温差、小压缩比的高效冷水机主设备。

（2）提高冷水温度，使水温高于回风的露点温度，从而避免在表冷器上出现凝水，实现干工况运行，避免除湿和加湿。

（3）对于自然冷源的利用，提高冷水温度，可增加自然冷源的利用时间。

同时，提高冷水的供回水温度也会带来下述不利影响：

（1）相同空调末端配置条件下，冷水供回水温度的升高会使末端服务器设备的进出风温度升高。

（2）相同热通道回风温度条件下，冷水供回水温度的升高会使送风温度提高，从而要求增加风量，这就需要配置更多的空调末端，造成风机能耗增加，空调末端造价升高。

数据中心的设计和建设中，大家关注的重点往往集中在布置 IT 服务器的机房内，对于为 IT 设备机房提供电源保证的电力供配电类房间往往被忽视，数据中心的供配电类房间大小与建设标准和单机柜功耗有关，约为 IT 机房面积的一半左右，虽然面积占比比较大，但是因其散热量比较少，没有引起重视。这类机房由于设备尺寸及布局等问题影响，无法进行冷热通道隔离，通常采用房间级空调末端直接送风，易造成冷热掺混。为避免这些机房的温度过高，需要降低整个空调冷水系统的水温。目前设计时，常和数据机房共用一套冷水系统，对此，应综合考虑不同类型房间的空调末端形式及出风温度需求，对冷水供回水温度进行合理设计。通过对电力供配电机房优化气流组织、就近送风等措施可以有效避免冷热掺混，不影响整个数据中心空调系统的冷水供水温度，从而提高空调系统能效。

在保证 IT 服务器安全运行条件下，近年来，新建数据中心冷水供回水温度呈现逐步提升的趋势，冷水供水温度由最早期的 7℃，提高到 10℃、12℃，今年 14～15℃成了大家比较认可与接受的供水温度，供水温度高于 15℃的高温水冷却系统也开始在一些项目中使用。

4.2.3　板式换热器换热

数据中心水冷冷水型空调系统设有水-水板式换热器，当室外湿球温度低于系统自然冷却设定值时，可以将冷却塔出水通过自然冷却板换与冷水回水进行换热，关闭或部分关闭冷水机组从而实现节能。在自然冷却过程中，板式换热器两侧流体的换热温差是这个传热过程的驱动力。板式换热器要求的换热温差越低，可利用自然冷却的时间越长。在同等板型、K 值的情况下，板式换热器换热面积越大，换热温差越小；而随着板式换热器换热面积的增加，其初投资也增大。一般换热温差由 2℃减为 1℃，板式换热器的投资将增加近一倍。目前多数数据中心项目中板式换热器的换热温差取值为 1～2℃，在投资允许情况下，此换热温差可取低值以充分利用自然冷源。

4.2.4　冷却塔换热

水冷冷水机组＋开式冷却塔＋板式换热器的冷源形式，因其技术成熟、投资低、节能效果良好、性价比较好，是目前数据中心空调冷却系统采用比较多的一种形式。图 4.2-1 为典型的利用冷却塔供冷的水冷型空调系统示意图，其中包含空调末端、水泵、冷水机组、板式换热器及冷却塔等设备，在实际运行中，可根据室外气象条件的变化，通过管路电磁阀的调节实现三种不同的制冷模式。第一种为利用压缩机制冷，第二种为利用冷却塔＋板式换热器实现完全自然冷却，第三种为利用压缩机制冷＋冷却塔＋板式换热器实现部分自然冷却。

室外大气湿球温度是决定冷却塔供冷提供水温能力的制约条件。湿球温度代表某一地

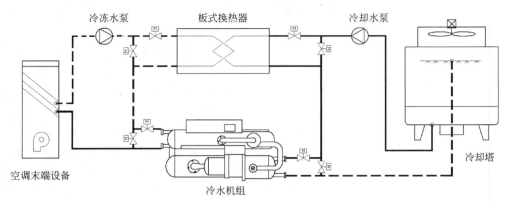

图 4.2-1　数据中心水冷型空调系统示意图

点某一时间，水在冷却塔中理论上可被冷却到的极限温度。冷却塔实际出水温度与室外湿球温度之间的温度差称为冷却塔逼近度。随着机房供水温度的不断提升（由 7℃提升至15℃），自然利用时间也越来越长。在冷却系统冷水供水温度一定的情况下，自然冷却切换湿球温度主要与两个参数有关，一是冷却塔的逼近度，二是板式换热器换热温差。对于某一个特定地方的数据中心，其机房供水温度是完全自然冷却还是部分自然冷却，取决于当时的湿球温度。根据湿球温度切换的逻辑如下：

实现完全自然冷却切换的室外湿球温度＜要求的冷水供水温度－板式换热器换热温差－冷却塔逼近度，即冷却塔可以提供的温度低于供水温度。

实现部分自然冷却切换的室外湿球温度＜冷水回水温度－板式换热器换热温差－冷却塔逼近度，即冷却塔可以提供的温度低于回水温度。由上式可知，降低冷却塔逼近度和板式换热器换热温差可以提高自然冷却切换湿球温度点，增加自然冷源利用时间。而冷却塔逼近度主要受冷却塔选型的影响，在同等室外气象条件下，冷却塔型号越大，逼近度越小，但占地面积越大，初投资越大。为充分利用自然冷源。目前大多数据中心项目冷却塔会在夏季选型基础上放大选型，以更多利用自然冷源。相应冷却塔选型冬季逼近度一般取值为 3～6℃，在建筑条件及投资允许情况下，从节能角度考虑建议取低值。另外，在某些干燥地区也可采用间接蒸发冷却塔替代常规冷却塔，与常规冷却塔相比，理想情况下，间接蒸发冷却塔的出水温度可接近进口空气的露点温度，而不是湿球温度，因此能够延长自然冷却时间，充分利用自然冷源。

4.3　冷却系统设计中节能思路

4.3.1　冷水主机、输配系统（水泵、冷却塔）、末端设备配置

4.3.1.1　空气冷却系统设备配置要求

根据数据中心对空调冷却系统的使用要求，对于空调设备配置有两个基本要求，第一是量的要求，提供冷却 IT 服务器的冷量需求；第二是质的要求，按等级标准要求，满足冷却系统温度水平，并保证安全、有效制冷。一般是按照上述两原则进行冷却系统设备配

置。在满足基本要求的条件下，冷却系统设备配置还应考虑在各种实际运行条件下，能够安全、节能运行。

（1）系统设计

空调系统制冷量应满足空调冷负荷需求，并设计为 24h 不间断运行。系统设备配置应根据机房等级综合考虑，参照不同等级标准要求进行配置。

1）A 级标准配置要求

空调冷却系统应保证任何部件（单点）故障情况下均能（通过维护操作恢复）正常工作，保持机房制冷；冷源系统可设置 2 套（也可以 1 套），可互相切换，每套冷源配置独立均能满足需求；冷水机组、冷却塔、板式换热器、冷水泵、冷却水泵按 $N+X$ 冗余配置；管道系统按独立双回路设置，互为备份。设置蓄冷措施，蓄冷容量按空调正常运行 $10\sim15min$ 考虑。设置蓄冷措施时，空调冷却系统的控制系统、冷水主机的控制屏、冷水循环水泵、定压补水装置、电动阀门及末端风机均应采用不间断电源作为保证电源。空调冷却水补水系统应保证在市政停水后可持续补水时间不小于 $10\sim12h$；应设置双路补水水源。

2）B 级标准配置要求

系统应保证任何部件（单点）故障情况下均能（通过维护操作恢复）正常工作，提供机房制冷；冷水机组、冷却塔、冷水泵、冷却水泵按 $N+1$ 冗余配置；重要管道系统可按双回路设置。系统可视需要设置蓄冷措施，蓄冷容量按空调正常运行 $10\sim15min$ 考虑。冷水主机的控制系统、空调控制系统应采用不间断电源作为备用电源。空调冷却水补水系统应保证在市政停水后可持续补水 $8\sim10h$。

3）C 级标准配置要求

冷水机组、冷却塔、冷水泵、冷却水泵按 N 配置（其中冷水泵和冷却水泵 N 一般不小于 2），无冗余；空调水管道系统为单回路。

（2）冷水主机

数据中心单体建筑一般规模在 $5000m^2$ 以上，IT 设备功耗在 5000kW 以上，采用电制冷冷水主机时，目前采用离心式或螺杆式压缩机，变频控制，在单台制冷量超过 1200RT 的大容量离心机组案例中，高压变频离心机组也受到设计建设方关注，并在工程中采用。随着近几年磁悬浮压缩机性能的成熟稳定，磁悬浮冷水主机在工程中已开始使用。制冷性能 COP 高、运行稳定、故障率低、运维简单、部分负荷效率高、具备快速启动功能且启动电流小的机组将是数据中心冷水主机选型标准。

在实际空调系统设计工程中，冷水机组可灵活搭配，根据不同项目需求和建设特点，可采用多种规格机组配置、多种冷源形式组合；为了提高空调系统全年制冷效率，采用自然冷却技术，系统配套板式换热器，冬季和过渡季节通过冷却塔 + 板换设备自然冷却，减少压缩机运行时间；采用中温冷水机组，大幅提高冷水供回水温度，节省制冷压缩机能耗；配置自动控制系统，实现多工况自动切换运行。

（3）蓄冷罐

数据中心的空调冷却系统，为达到连续制冷的功能，通常配置蓄冷罐作为应急冷源，蓄冷容量按系统正常运行 $10\sim15min$ 考虑。在《数据中心设计规范》GB 50174—2017 中明确要求"采用冷水空调系统的 A 级数据中心宜设置蓄冷设施，蓄冷时间应满足电子信息设备的运行要求"。蓄冷罐有开式蓄冷罐与闭式蓄冷罐两种形式。开式蓄冷罐设备简单、造价相对较低,蓄冷效率高,并联设置于系统中,其液位高度高于系统最高点。闭式蓄冷罐一般用于多层、高层数据中心或室外安装空间紧张的场所,闭式蓄冷罐单体容积较小,串联或并联接入空调系统中,为系统提供蓄冷量,闭式蓄冷罐为承压设备,造价相对较高。

数据中心蓄冷罐本职功能是空调系统应急冷源,在市电故障冷水主机停机时,作为冷源设备保证空调系统正常供冷。除此之外,在有峰谷电价的地区还可实现削峰填谷的功能,利用蓄冷罐进行夜间谷时蓄冷、白天峰时放冷;在空调系统初期低负荷运行时,蓄冷罐还可承担初期低负荷时的供冷设备,降低冷水主机启动频率,降低空调系统的运行费用。

4.3.1.2 输配系统的配置要求

本节中输配系统是指冷水管网系统,目前在建和已运行的数据中心采用 A 级标准占比约 80%,A 级标准要求冷水管双回路或者环网结构,同时要求设蓄冷设施,控制系统和冷水泵及末端配置不间断电源,以保证在管路故障、市电断电、油机未开启的这段时间,空调系统连续供冷。

因冷水输配系统设置蓄冷罐方式不同,冷水系统定压方式也不同,采用开式蓄冷罐的冷水系统,蓄冷罐作为定压设备,是冷水系统的高位定压水箱,其位置必须布置在系统最高点;采用闭式蓄冷罐的冷水系统,冷水系统需要设计定压设施,蓄冷罐设置不受限制。

为了节能,数据中心的冷水系统基本采用变流量系统,输配系统可采用一级泵变流量系统或二级泵变流量系统,蓄冷采用开式蓄冷罐或闭式蓄冷罐。一级泵系统具有管网系统简单、投资少、运行维护方便的特点;二级泵系统管网系统复杂、投资高,适用于远距离输送和需要实现快速蓄冷功能的场所。因蓄冷罐和管网系统不同搭配,输配系统在实际项目使用中常用的配置如下:

(1)一级泵环路,配置闭式蓄冷罐,闭式蓄冷罐串联设置于环路中,循环水泵采用不间断电源保障连续供冷;系统由定压设备定压。管网系统模式见图 4.3-1。

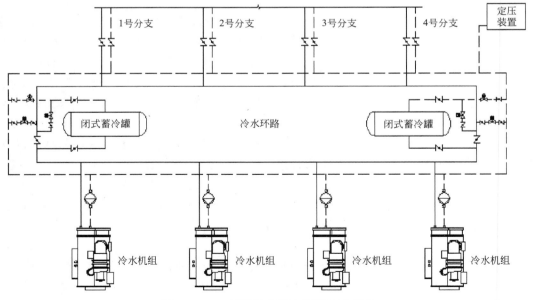

图 4.3-1 一级泵闭式蓄冷罐配置示意图

（2）一级泵环路，配置开式蓄冷罐，开式蓄冷罐并联设置于环路中，设置放冷泵。系统循环水泵和放冷泵均采用不间断电源保障连续供冷，系统由开式蓄冷罐定压，管网系统模式见图 4.3-2。

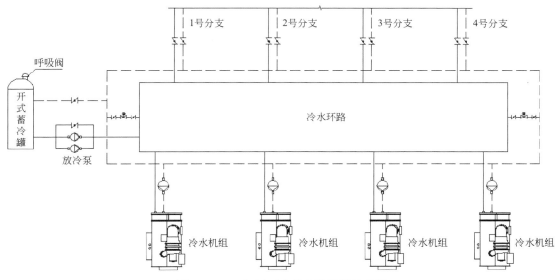

图 4.3-2　一级泵开式蓄冷罐配置示意图

（3）一级泵双管路，配置开式蓄冷罐，开式蓄冷罐并联设置于管路中，设置放冷泵。系统循环水泵和放冷泵均采用不间断电源保障连续供冷；系统由开式蓄冷罐定压，管网系统模式见图 4.3-3。

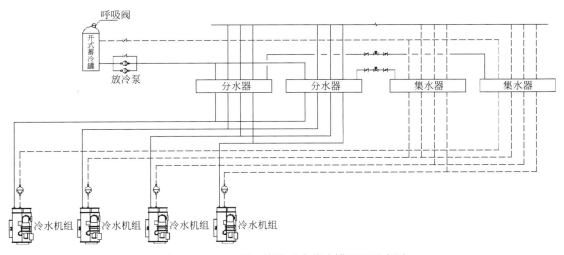

图 4.3-3　一级泵双管路开式蓄冷罐配置示意图

（4）二级泵环路，配置开式蓄冷罐，开式蓄冷罐并联设置于环路中，设置二级泵。一级、二级水泵均采用不间断电源保障连续供冷；系统由开式蓄冷罐定压，管网系统模式见图 4.3-4。

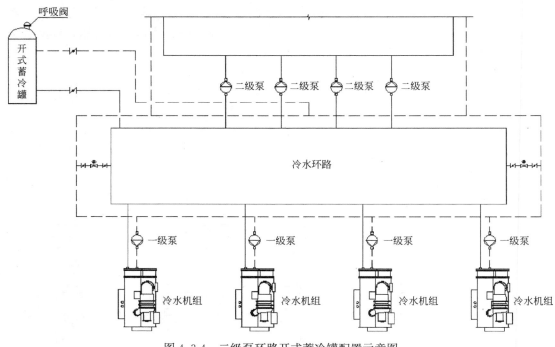

图 4.3-4　二级泵环路开式蓄冷罐配置示意图

（5）二级泵环路，配置闭式蓄冷罐，闭式蓄冷罐并联设置于环路中，设置二级泵。一级、二级水泵均采用不间断电源保障连续供冷，系统由定压设备定压，管网系统模式见图 4.3-5。

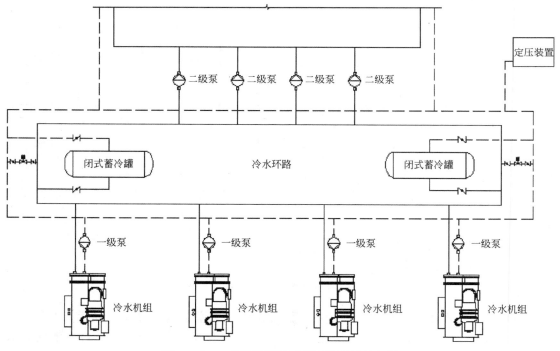

图 4.3-5　二级泵环路闭式蓄冷罐配置示意图

采用开式或闭式蓄冷罐主要受建筑层高、场地和投资影响，并和系统快速蓄冷功能要求有关，其中一次泵系统开式蓄冷罐设置放冷泵，需通过泵和阀门切换实现充放冷功能，不能满足无缝切换需求；闭式蓄冷罐为压力容器，设备投资较高，多用于高层建筑、室外安装空间紧张或系统要求无缝切换实现连续供冷需求的场所，开式蓄冷罐和闭式蓄冷罐，系统采用一级泵或二级泵根据项目需求确定，各有优缺点，具体对比见表 4.3-1。

性能对比分析表　　　　　　　　　　　　　　　　表 4.3-1

项目内容	开式蓄冷罐	闭式蓄冷罐	一级泵系统	二级泵系统
适用场景	适用于多层建筑，有室外安装空间的场所	适用于多层和高层建筑，室外安装空间紧张的场所	1. 输送距离较近，系统水力平衡； 2. 对快速充放冷没要求	1. 冷冻站集中，不同机楼距离较远； 2. 要求蓄冷罐具备快速充放冷功能
优点	1. 设备造价低； 2. 单体容积大； 3. 可作为系统定压设备	1. 压力容器，设备造价高； 2. 室内安装，不影响室外美观	1. 系统控制简单； 2. 当不设置蓄冷装置时，投资省	1. 可实现快速蓄冷功能； 2. 系统稳定性较好
缺点	1. 室外安装，对美观有一定影响； 2. 严寒地区需做好防冻措施	1. 单体容积小，占用室内空间； 2. 不能承担定压功能，系统需配置定压装置	1. 需小流量充冷，大流量易过流； 2. 不适宜远距离分区供冷	1. 系统管路较复杂； 2. 当不设置蓄冷装置时，相对投资更高

4.3.1.3　末端设备的配置要求

（1）末端设备的选型

机房末端设备的选型根据冷源形式、机房面积、设备发热量及温度、湿度和空气含尘浓度的要求综合考虑，宜采用大风量、小焓差、高显热比的恒温恒湿机房专用末端设备；原则上机房末端设备不配置加热组件，独立配置加湿及湿度控制组件。

（2）末端设备的配置

末端设备应尽量靠近负荷部署，减少送风损耗，提升效率。根据机房条件、负荷规模及分布情况、主设备特点等因素，选择房间级部署（如机房单侧送风、机房两侧送风）、列级部署（如列间空调、顶置空调、地板空调）、机柜级部署（如机柜背板空调）等不同形式，灵活选型和部署。

一般来讲风冷却 IT 服务器空调末端，房间级、列间级、机柜级相适应的单机柜功耗从低到高，但在工程中当建筑物受层高限制，或没有条件设置架空地板，末端设备在低密度机房也可采用列间、顶置等空调末端。当服务器单机柜热密度达 30kW 以上时，目前的风冷却末端设备无法满足需求，可采用液冷冷却方式。

4.3.2　空调系统节能设计运行

4.3.2.1　制冷机组低负载运行

当前大型数据中心普遍采用离心式冷水机组，多数采用变频式单级压缩。该类型机组的负荷在 25%～100% 范围内调节，但当制冷负荷减小到一定程度时，制冷机组会发生喘振现象，严重时会损坏压缩机的导叶片，机组不能正常制冷工作。

在数据中心实际运行中，在下述情况下会发生空调系统冷负荷在单台制冷机组额定制冷负荷的 25% 以下。

（1）电子设备低装机率

由于数据中心的电子设备是逐步扩容的，尤其是出租型的数据中心，电子设备的扩容是根据业务发展的情况来的。在数据中心电子设备低装机率的情况下，整个数据中心的空调负荷会在单台制冷机组额定制冷负荷的 25% 以下，制冷机组会无法正常运行。

（2）部分自然冷却模式

部分自然冷却模式是制冷机组和板式换热器联合制冷的模式。冷却水先通过板式换热器与冷水换热，降低冷水回水温度，然后再进入冷水机组，冷水机组的压缩机承担部分负荷。在此过程中，会出现板式换热器承担的制冷负荷超过了 75%，而单台制冷机组承担的制冷负荷会低于额定制冷负荷的 25%，制冷机组会无法正常运行。

为保证制冷机组的正常运行，可采用图 4.3-6 设计运行方案。

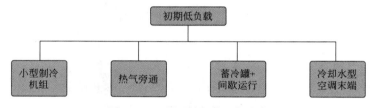

图 4.3-6　空调低负荷运行方案

1）小型制冷机组

建设中采用大制冷量制冷机组＋小制冷量制冷机组搭配的形式，把 1 台大制冷量制冷机组均分为 2 台小制冷量制冷机组，初期负荷低时可以先运行小制冷量制冷机组。小制冷量制冷机组通常是螺杆式制冷机组。单台螺杆机组的最小负载可到额定制冷量的 7.5%。

2）热气旁通

制冷机组配套热气旁通功能组件，热气旁通通过旁通阀使冷凝器中的高压气体或液体进到蒸发器中，降低冷凝器的压力并提高蒸发器的压力，降低了压缩机的压头，同时增加了压缩机的流量，以此改善工况来防止喘振。基本上可做 10%～100% 无级调速。但这样会导致机组效率迅速下降，制冷系统在 COP 很低的工况下运行。

3）蓄冷罐＋间歇运行

利用大型离心式制冷机组＋蓄冷装置联合运行。蓄冷罐的有效容积是按 15min 设计的，蓄冷罐的空调负荷是整个数据中心的总负荷的 25%。在此情况下，首先利用离心式制冷机组向空调末端和蓄冷装置同时供冷，确保离心式制冷机组负载在 25% 以上。待所需的制冷负荷低于负载的 30%（留有 5% 的安全余量）时，进入蓄冷罐单独供冷模式。

需要注意的是，初期采用这个模式时，需时刻关注水温波动。

4）冷却水型空调末端

采用冷却水型机房空调末端设备，空调末端采用双冷源末端。前期负荷低时，冷却水型空调设备运行，利用冷却塔作为系统散热设备，等到系统空调负荷容量满足集中空调系统正常运行时，系统切换到集中水冷空调系统运行。冷却水型空调室内空调末端可以随着电子信息设备的增加同步扩容、灵活方便。相对空调末端而言，具备两种供冷能力。低负载或满载时均能使用。

　　5）综合对比如下

　　上述几种方式各有特点和适用范围，从投资、运维便利、能耗、对建筑物的影响综合考虑，对比如表 4.3-2 所示。

性能对比分析表　　　　　　　　　　　　　　　　　　　　　表 4.3-2

	小型制冷机组	热气旁通	蓄冷罐＋间歇运行	冷却水型空调末端
初投资	▲	▲	—	▲▲▲
运维控制复杂	▲▲▲	—	▲▲▲	▲
对建筑影响	▲▲▲	—	—	▲
运行能耗	▲	—	—	—

4.3.2.2　温度振荡区

　　空调系统在实际运行过程中自然冷却模式和机械制冷模式之间的转换过渡比较复杂，在转换过渡期间还可能会造成暂时的制冷损失。在部分自然冷却模式时，制冷机组和板式换热器联合制冷，因为板式换热器需要冷凝水温度较低而冷水机组需要冷凝水温度较高，冷却塔是两者共用的冷源、散热源，制冷模式切换时整个控制系统较为复杂，这之间控制不当的话会形成了一个"温度振荡区"。

　　根据制冷厂家的产品资料，部分自然冷却模式下，为保证制冷机组正常运行，必须满足下述条件。

　　1）制冷机组的冷却水温度比冷水回水温度高 5℃。

　　2）制冷机组的制冷量不低于制冷机组的最小负载。

　　为便于分析，水系统假定为以下运行模式：

　　冷水侧：供回水温差为 6℃，冷水供水温度为 15℃，冷水回水温度为 21℃。

　　冷却水侧：供回水温差为 5℃，制冷机组的冷却水进水温度最小为 20℃，板式换热器逼近度为 1.5℃，完全自然冷却功率下冷却水切换温度为 13.5℃。

　　"温度振荡区"温度范围确定如下：

　　1）在制冷机组负载率不低于 25％的情况下，则进入制冷机组的最小温度不得低于 16.5℃。按板式换热器换热逼近度为 1.5℃考虑，该温度直接决定了板式换热器的入口温度不可能低于 15℃。

　　2）制冷机组的冷却水进水温度最小为 20℃，则板式换热器的出水温度不得低于 20℃，在板式换热负载率为 75％时，不考虑板式换热器散热特性改变，则板式换热器的进水温度不得低于 16.25℃。

　　3）在温度为 13.5～16.25℃这个范围内的冷却水是无法有效利用的，需要根据冷却水温度调节控制。

　　如何合理利用温度振荡区？在温度振荡区可以从冷水温度和冷却水温度相互调整，短时间偏离设计工况下运行，需要综合考虑调整相关温度的利弊，具体见表 4.3-3。

水温度变化调整性能对比分析表　　　　　　　　　　　　表 4.3-3

	冷水温度	冷却水温度
简述	实际运行的冷水供水温度要相应提高，要核算在水温提高后，维持送风温度不变的情况下，末端设备的有效制冷量降低是否满足需求	控制冷却水温，确保在部分自然冷却工况下的水温不低于 16.25℃
节能平衡点	风机能耗增加＋制冷机组的能耗减小＋冷却塔功率减少	冷却塔能耗减少＋冷却水泵能耗减少
设计运行技术点	空调末端容量选择时留有余量；初期负荷和部分负荷时，在设置有蓄冷罐的系统中，优先采用提高冷水供水温度	

4.3.2.3　运行分析

当前数据中心水冷冷水系统设计中，过度关注整个系统架构是不是主流架构，都是按满负荷的工况来说明整个空调系统如何节能。但在实际运行中，很少项目按设计满负荷运行，这样就要求设计师在设计时，考虑到系统在非满载时也能够实现节能运行。本节将从冷水侧、冷却水侧及控制侧来叙述水冷冷水集中空调系统节能运行。

（1）冷水侧

1）空调末端

服务器的进风温度应被监控并使之维持在设定值，典型的案例是通过调节风机速度和送风温度设定值（冷水阀门将送风温度维持在设定值）来实现。空调末端在承担的负荷减少时，优先调整的是风机风量，当风机转速达到可运行最小转速时，再来调整水阀开度。

基于以上分析，在设计阶段，空调与电气专业配合，所有空调末端应为热备模式，运行所有备用的空调末端，让其所有的风机都低转速运行，使每个空调末端机组承担的空调负荷减少，减少空调末端所需的冷水量，降低水泵的运行功率，或同步提高冷水温度，以提升制冷机组的能效，降低系统能耗。

2）冷水泵

冷水系统的水泵设有备用泵，以满足冗余要求。与其让备用的设备闲置，不如让所有的泵都低转速运行，以让每个泵都在变频工况下高效区运行，同时提高运行安全。当某个水泵出现故障，其他水泵将提高速度进行补偿。

水泵控制主要有末端压差控制。末端压差控制根据最不利环路的空调设备前后静压差，控制循环泵转速，使静压差稳定在设定值附近。此时，水泵消耗功率既不与流量的一次方成正比，也不与流量的三次方成正比，应介于二者之间。

（2）冷却水侧

以最小的流量运行最多的冷却塔模块将比运行最少数量的冷却塔模块所生成的冷却水温度低。数据中心冷却塔配置是按冬季利用自然冷却所需的冷却塔配置，实际运行中，冷却塔大多时间是在部分负荷条件下运行，大部分厂家的冷却塔在设计流量的 50% 条件下能稳定运行，有些冷却塔能够在设计流量的 30% 条件下运行。

为充分利用备用冷却塔，在冷却水侧的设计中采用环网模式。

环网模式可充分利用备用塔的能力，发挥冷却塔的最大效能。控制系统根据冷却塔出水温度来自动控制冷却塔风机，尽量在允许的范围内降低冷却塔出水温度，提高水冷冷水机组的能效，延长自然冷源使用时间。在机械制冷模式下，利用备用冷却塔，可以有效控制极端最高湿球温度下冷却水的水温。在自然冷却情况下，利用备用塔，可以扩大自然冷却时间。

（3）变频装置

在部分负荷情况下，应利用变频的作用，但是需要指出的是，变频器既是一个耗能源还是一个发热源。在满负荷情况下，水泵和冷却塔在工频状态下，设备效率反而更高。

水泵及冷却塔的风机控制柜设置有"变频-工频"运行模式切换环节，可以通过操作面板"变频-工频"开关，将变频器切出，风机可以以市网工频电源直接驱动（直接全压启动方式），以节省能耗，同时在变频回路需要维修或发生故障时，可以再切换至工频模式，以增加系统的安全性。

（4）空调冷却系统控制

数据中心空调冷却系统应采用集中智能控制系统，宜采用系统级控制。

系统级控制旨在协调数据中心内不同的空调子系统间运行（例如制冷机组、水泵及空调末端）。它在整体上控制制冷系统，并了解动态变化，以尽可能降低总制冷能耗。对于冷水系统，加强冷水机组、水泵及空调末端的通信。

系统级控制可以做到无需人为干预的情况下在不同运行模式之间切换。例如，基于室外气温和数据中心电子信息设备负载在机械、部分自然冷却和完全自然冷却模式之间转换，避免人为因素，实现精细化可优化节能，提高空调系统全年整体能效。

第5章 数据中心高效冷源技术与装备

5.1 综述

数据中心冷却系统为保证数据中心中IT设备及电源、电池等其他设备的高效稳定运行，提供了适宜的温度和湿度等环境，其自身也消耗了大量的电能，约占整个数据中心能耗的20%～40%，是数据中心中能耗最大的辅助设备。因此，降低制冷系统能耗是提升数据中心能源利用效率的重要环节。

从数据中心冷却系统能耗构成上看，主要由冷源设备（制冷机组）能耗、输配设备（主要是水泵、输送风机）能耗以及散热设备能耗（主要是末端散热风机、冷却塔风机、空气冷却器风机等）构成。其中制冷机组（主要是压缩机）的能耗占整个冷却系统能耗的50%～70%，降低制冷机组能耗是数据中心冷却系统节能的核心。

从数据中心的制冷需求角度看，数据中心内部负荷密度高，数据中心内的电耗密度高达$300\sim1500\mathrm{W/m^2}$，互联网数据中心甚至可达$3000\mathrm{W/m^2}$，而通过围护结构和新风所引起的冷负荷占比很小；数据中心内部的IT设备一般不吸湿也不产湿，而且对新风需求少（仅满足IT设备及辅助设备的工艺需求即可），室外新风所导致的湿负荷也很小；此外，数据中心需全年连续稳定运行，即使在冬季室外温度很低时，数据中心仍然需要向外部散热。因此，降低数据中心制冷系统能耗的措施主要是提高主动冷源设备（主要压缩机）的运行效率和提高自然冷源的应用时间（通过自然冷源应用降低压缩机运行时间）。

5.2 高效制冷机组

制冷机组的主要任务是将数据中心内部IT及其他设备所产生的热量转移到室外的环境中去，特别是在室外环境温度高于数据中心内部环境温度时，热量不能自动的从高温环境传递到低温环境中去，只能依赖于制冷机组这种主动制冷方式才能实现数据中心内部环境的冷却。

提高制冷机组能效，一是提高压缩机的效率（如磁悬浮压缩机），二是在满足数据中心冷却工艺需求的情况下提高制冷机组的出水温度（一般可以提高到15℃甚至更高），三是充分利用室外自然冷源。

5.2.1 磁悬浮离心冷水机组

相对于传统的低压变频技术，磁悬浮技术是近年兴起的变频新技术，主要采用永磁电机和磁悬浮轴承技术，消除轴承由于机械接触产生的摩擦损失而导致的能量损失，如

图 5.2-1 所示。由于磁悬浮冷机一般采用永磁同步电机直驱，因此整体的电机能效及传动损失方面具有优势；采用磁悬浮轴承，压缩机实现"零"摩擦，比传统的滑动轴承能耗损失降低超过 3%；由于整机无油，能效在使用期内不会发生因油引起的衰减，并且后续的整机维护工作量大大优于传统设备。随着技术进步，磁悬浮关键部件的成本不断下降，因此逐渐被市场接受，开始应用到暖通空调领域。

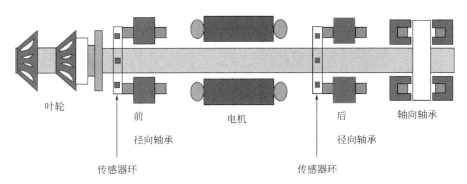

图 5.2-1　磁悬浮压缩机结构示意图

（1）磁悬浮离心机的能效优势

表 5.2-1 和表 5.2-2 分别给出了常规变频离心机组和磁悬浮离心机组的全负荷工况下的 COP（基于厂家提供的 AHRI 认证选型软件全负荷性能参数表 2461kW（700RT）运转在满负荷，18℃/12℃，32℃/37℃ 的典型数据中心工况）。可以发现，采用磁悬浮变频压缩机的冷水机组不仅在额定工况下具有较高的 COP，部分负荷下具有更好的运行效率，特别是在低冷却水进水温度条件下，磁悬浮离心机组的优势更为明显，全年运行具有良好的节能效果。

常规变频离心机全负荷性能参数　　　　　　　　　　　表 5.2-1

负荷率（%）	冷却水进水温度（℃）													
	32	31	30	29	28	27	26	25	24	23	22	21	20	19
100	7.276	7.374	7.428	7.447	7.451	7.47	7.518	7.636	7.848	8.168	9.762	9.94	10.03	10.24
90	7.298	7.465	7.657	7.898	8.211	8.622	9.14	9.768	10.5	11.14	11.68	10.47	10.61	10.77
80	7.6	7.882	8.203	8.572	8.99	9.451	10.16	10.93	11.63	12.28	12.87	11.13	10.84	11.1
70	7.956	8.27	8.598	8.931	9.272	10.03	10.75	11.46	12.13	12.77	13.37	13.94	11.28	11.03
60	8.043	8.362	8.687	9.093	9.547	10.19	10.84	11.46	12.06	12.66	13.25	13.82	14.38	10.86
50	7.878	8.256	8.675	9.059	9.465	9.948	10.46	10.98	11.49	12.01	12.54	13.08	13.63	14.21
40	6.599	7.871	8.205	8.547	8.931	9.33	9.705	10.08	10.47	10.87	11.3	11.75	12.23	12.77
30	5.367	5.425	7.372	7.656	7.963	8.324	8.62	8.833	9.054	9.298	9.581	9.875	10.22	10.54
20	4.475	4.462	4.447	6.382	6.601	6.896	7.231	7.27	7.298	7.344	7.421	7.505	7.632	7.833
10	3.438	3.354	3.264	3.167	4.839	5.001	5.265	5.332	5.163	4.993	4.832			

磁悬浮变频离心机全负荷性能参数													表 5.2-2
负荷率（%）	冷却水进水温度（℃）												
	32	31	30	29	28	27	26	25	24	23	22	21	20	19
100	8.161	8.528	8.913	9.315	9.735	10.18	10.7	11.25	11.8	12.4	12.99	13.74	14.43	15.08
90	8.307	8.705	9.126	9.573	10.07	10.62	11.19	11.79	12.43	13.21	13.88	14.64	15.5	16.46
80	8.547	8.989	9.463	9.997	10.56	11.16	11.79	12.54	13.24	13.97	14.88	15.91	17	18.17
70	8.662	9.148	9.674	10.24	10.85	11.5	12.2	12.86	13.68	14.67	15.75	16.94	18.26	19.71
60	8.66	9.176	9.736	10.34	10.99	11.65	12.28	13.05	14.02	15.12	16.34	17.73	19.29	21.06
50	8.537	9.065	9.64	10.26	10.91	11.55	12.12	13.06	14.13	15.35	16.75	18.37	20.24	22.42
40	8.248	8.799	9.377	9.992	10.61	11.16	11.81	12.79	13.92	15.22	16.75	18.55	20.7	23.31
30	7.479	7.986	8.589	9.236	9.96	10.61	11.03	11.95	13.04	14.38	15.94	17.83	20.14	22.99
20	5.965	6.472	6.927	7.492	8.091	8.763	9.435	9.78	10.74	11.84	13.17	14.82	16.9	19.53
10	3.898	4.144	4.499	4.861	5.209	5.626	6.105	6.539	6.811	7.479	8.293	9.272	10.55	12.11

（2）磁悬浮离心机的无油优势

润滑油对冷水机组 COP 和蒸发器接近温度（冷水出水温度与蒸发温度之差）的影响如图 5.2-2 所示。由于润滑油在蒸发器或冷凝器内的沉积会造成换热器传热性能的下降，从而使得制冷机组的蒸发温度下降、冷凝温度上升，系统的 COP 下降。

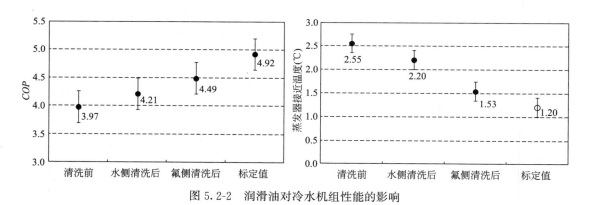

图 5.2-2　润滑油对冷水机组性能的影响

5.2.2　变频离心高温冷水机组

常规舒适性空调，冷水出水温度一般在 7℃ 左右，此时既可以提供冷量，也可以对室内空气进行除湿，而数据中心机房空调负荷几乎全部为显热负荷，可以提高冷水出水温度，减少不必要的除湿，冷水机组冷水出水温度越高，机组性能越好，越节能。

虽然直接采用常规离心机提升出水温度设置也可满足需求，但对于离心机来说，冷水出水温度为 7℃ 时，压缩比为 2.6 左右，冷水出水温度提高至 16℃ 时，压缩比减小到 2.0 左右，如表 5.2-3 所示。

冷水机组工况				表 5.2-3
出水温度	吸气温度	吸气压力	吸气比容	压缩比
7℃	6℃	360kPa	57.9dm³/kg	2.64
16℃	15℃	486kPa	43.3dm³/kg	1.96

如图 5.2-3 所示，在压缩机的特性曲线图上，黑色虚线构成的圈代表压缩机效率圈，效率圈从内到外，绝热效率由高到低。常规离心机一般按照 7℃ 出水，压缩比按照 2.6 设计，在常规工况下运行特性曲线为深色实心曲线；当压缩机运行在高冷水出水温度工况时，压缩机工作点偏离设计点，压缩机特性曲线变为浅色曲线所示状态，导致常规压缩机绝热效率下降。在冷水 16℃ 出水、冷却水 23℃ 进水工况下，压缩机绝热效率将由 0.86 降为 0.80，实际 COP 仅为 8.67。为了实现较高的 IPLV 值，传统的冷水机组的压缩机最高效率点一般设计在 50％负荷和 75％负荷之间，而额定工作点（100％负荷）压缩机效率偏低。

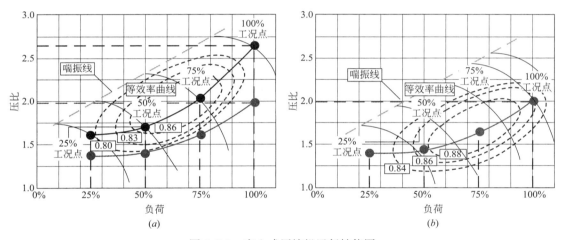

图 5.2-3　离心式压缩机运行性能图
（a）压缩比 2.6 设计；（b）压缩比 2.2 设计

因此，针对以上问题，以压缩比 2.0 为设计工况点，对压缩机气动部件进行优化设计，专门为小压缩比的高温工况设计了三元闭式叶轮，串列叶片回流器，改善制冷剂的流道，减少衰减，保证效率，更适用于数据中心空调系统的高温工况。目前，永磁同步变频离心机冷量范围在 250～2500rt，冷水出水温度范围为 12～20℃。在额定工况下（冷水出水温度 16℃，冷却水进水温度 30℃，100％负荷）的 COP 可以达到 9.47，适用于数据中心、工艺流程、温湿度独立控制的空调系统。

5.2.3　变频螺杆高温冷水机组

数据中心的制冷负荷比较稳定，受室外环境温度的影响很小；而室外环境温度可影响冷却水供水温度，从而影响制冷机组的冷凝温度和压缩机的压缩比。离心式冷水机组通过转速进行调节，压缩比和制冷剂流量（制冷量）同时发生变化。而变频螺杆式压缩机通过转速调节制冷剂流量（制冷量），通过滑阀连续调节压缩比，可以实现压缩比和制冷量的独立调节，在各个运行工况下都处于比较理想的工作状态。数据中心专用永磁同步变频螺杆式水冷冷水机组拥有如下特点：

1）连续调节压缩比，与工况完美匹配：永磁同步变频螺杆式水冷冷水机组通过转速调节负荷，滑阀连续调节压缩比，实现了压缩比、负荷与实际工况需求完美匹配，无过压缩或欠压缩，有效提升全工况压缩机效率，绝热效率增加 $6.6\%\sim11.7\%$；在额定工况下（冷水出水温度 16℃，冷却水进水温度 30℃，100％负荷）的 COP 可以达到 7.8。与同冷量传统定频螺杆式冷水机组对比如图 5.2-4 所示。

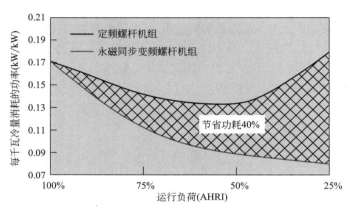

图 5.2-4　压缩机性能对比图

2）全年制冷，低温启动：对于数据机房，大多数情况下需要全年制冷。如图 5.2-5 所示，永磁同步变频螺杆式水冷冷水机组可满足大温跨冷却水进水温度使用需求，最低冷却水进水温度可达 10℃，最高冷却水进水温度可达 45℃，无喘振问题，甚至可实现负压差工况（冷水温度高于冷却水温度）正常启动运行，确保机组在各种室外恶劣工况条件下的稳定运行，可满足数据机房全年供冷的需求。

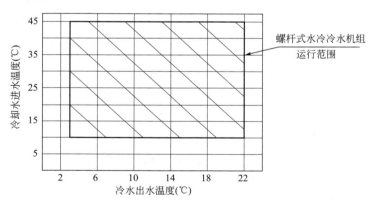

图 5.2-5　螺杆式水冷冷水机组水温运行范围

5.2.4　冷水机组＋自然冷却系统

5.2.4.1　自然冷却水冷冷水机组

水冷冷水机组一般通过冷却塔向外界散热，此类系统利用冷却塔提供冷却水。此类系统含有两个水循环：冷却水（外侧）循环和冷水（内侧）循环。传统的水冷机房空调系统可以通过增加水侧经济器（板式换热器）旁通冷水机组，构建此类系统。普通冷却塔和间接蒸发冷却塔与水冷冷水机组构成的自然冷却水冷冷水机组分别如图 5.2-6 和图 5.2-7 所示。当室外温度较低时，水泵驱动冷却塔提供的冷却水，通过水侧经济器（板式换热器）给冷水降温。此类系统广泛应用于大型数据中心。

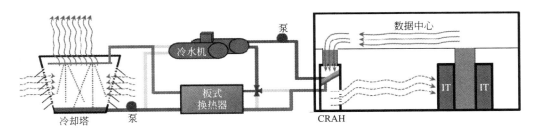

图 5.2-6　冷却塔自然冷却水冷冷水机组

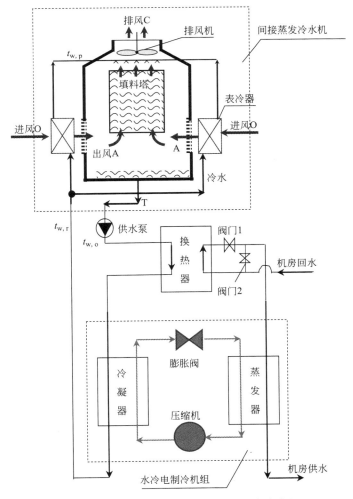

图 5.2-7　间接蒸发冷却塔自然冷却水冷冷水机组

下面以在北京、云南、甘肃等地的数据中心为例进行案例分析，讨论间接蒸发冷却塔用于全年的节能效果。

首先以西北地区的典型城市兰州为例，比较四种自然冷却方式应用于数据中心水冷冷却系统的自然冷却时长以及全年逐时能耗特性，包括：方案一，冷却水回水预冷间接蒸发冷却塔-水冷冷机；方案二，冷却水供水预冷间接蒸发冷却塔-水冷冷机；方案三，干冷器-风冷冷机；方案四，普通冷却塔-水冷冷机。两种间接蒸发冷却塔与普通冷却塔流程如图 5.2-8 所示。对于间接蒸发冷却塔-水冷冷机，按照表冷器入口空气不同的冷水冷却分类，可以分为串联与并联两种典型流程，分别由末端回水、冷却塔自身出水的一部分冷却入口空气。串联流程防冻效果较并联流程更优，适合用于高纬度严寒地区。

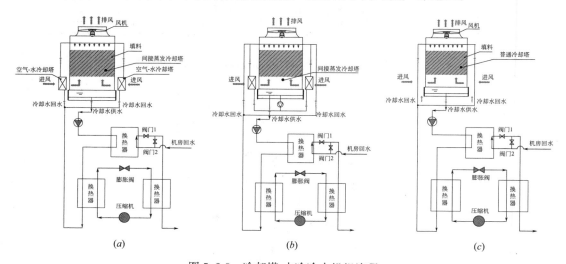

图 5.2-8　冷却塔-水冷冷水机组流程
（a）冷却水回水预冷间接蒸发冷却塔-水冷冷机流程；（b）冷却水供水预冷间接蒸发
冷却塔-水冷冷机流程；（c）普通冷却塔-水冷冷机流程

在此基础上，选择并联间接蒸发冷却塔-水冷冷机，与普通冷却塔-水冷冷机进行进一步的比较。选取华北、西北、西南地区的典型城市北京、兰州以及昆明，模拟全年逐时不同冷水供水温度条件下间接蒸发冷却塔和普通冷却塔作为自然冷源的数据中心全年能耗。

由于数据机房热环境的新要求为冷通道或进风区域温度为 18～27℃。根据典型数据中心冷源系统的调研结果，背板空调机房，冷通道风温比冷水供水温度高 5～9℃；密闭冷通道地板送风空调机房，冷通道进风区域送风温度比冷水供水温度高 4～9℃，所以冷水供水温度大致在 12～22℃区间时送风温度满足要求。

在冬季冷却塔风机根据室外气象条件变频调节，控制冷水出水温度稳定，同时不考虑普通冷却塔电伴热所需能耗。夏季与过渡季假设冷机可以实现压缩比连续调节。

对于冷水和冷却水系统的耗电量，以河北某数据机房为例，40MW 的排热量配备 6 台 120kW 的冷水泵，5 用 1 备，6 台 100kW 的冷却水泵，5 用 1 备；满负荷冷水泵功率与冷却水泵功率仅占排热量的 2.75%，远小于冷机与冷却塔风机的耗电量。且即使气象参数、冷水供水温度变化，泵耗差别依然较小。所以这里仅讨论冷机与冷却塔风机的耗电量。

设数据机房系统排热量为 14.4MW，冷水供回水温差为 6℃，板式换热器最小换热端差为 2℃；蒸发器和冷凝器与冷水和冷却水的最小换热端差为 1℃。以此展开进一步讨论。

（1）大型数据中心冷源系统方案对比

兰州位于我国西北地区，大气压约为 84.82kPa，图 5.2-9（a）展示了兰州地区全年气象参数，图 5.2-9（b）展示了兰州地区干空气能全年分布。夏季干空气能≥1kJ/（kg·a），适宜采用间接蒸发冷却塔。

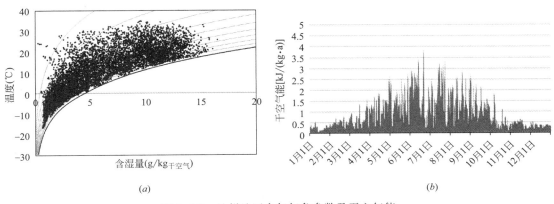

（a）　　　　　　　　　　　　　　　　　（b）

图 5.2-9　兰州地区全年气象参数及干空气能

（a）兰州全年气象参数；（b）兰州全年干空气能分布

对于兰州地区，应用于大型数据中心的四种冷源系统方案，自然冷却时长与能耗对比如图 5.2-10 和图 5.2-11 所示。

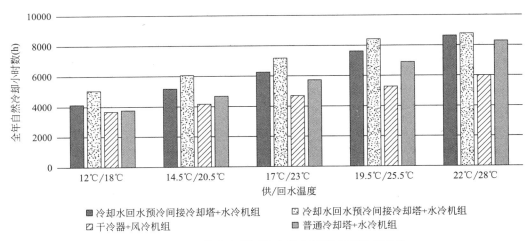

图 5.2-10　四种方案不同冷水供水温度自然冷却时长

对比四种方案可知，冷却塔自然冷却系统适用于干燥地区，尤其是间接蒸发冷却塔，相比于带自然冷却的风冷冷水系统，冷水供水温度在 15℃ 以上，冷源系统年节能率在 70% 以上；冷水供水温度达到 22℃，年节能率达到 93%～97%。提高冷水供水温度可大幅度降低冷源系统耗电量。对与间接蒸发冷却塔或普通冷却塔自然冷却系统，机房供水温度每提高 1℃，间接蒸发冷却塔自然冷却时长会增加 17～19 天，冷水供水温度为 21℃ 时，

89

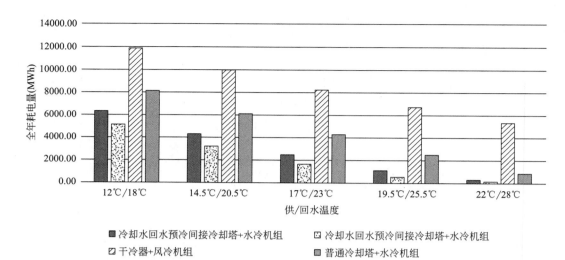

图 5.2-11　四种方案不同冷水供水温度全年耗电量

仅靠间接蒸发冷却塔可以实现全年自然冷却。而干冷器自然冷却系统的自然冷却时长随供回水温度的变化约为 8～9 天/℃。

几种方案自然冷却需满足的室外气象条件如表 5.2-4 所示。

几种冷源系统方案自然冷却模式切换条件　　　　　　　　　　表 5.2-4

方案	12℃/18℃	14.5℃/20.5℃	17℃/23℃	19.5℃/25.5℃	22℃/28℃
1.冷却水回水预冷间接蒸发冷却塔＋水冷冷机	湿球露点平均值≤3.0℃	湿球露点平均值≤7.0℃	湿球露点平均值≤10.7℃	湿球露点平均值≤14.0℃	湿球露点平均值≤17.3℃
2.冷却水供水预冷间接蒸发冷却塔＋水冷冷机	湿球露点平均值≤6.8℃	湿球露点平均值≤10.1℃	湿球露点平均值≤13.4℃	湿球露点平均值≤16.3℃	湿球露点平均值≤19.3℃
3.风冷冷机	干球温度≤7.9℃	干球温度≤10.2℃	干球温度≤12.5℃	干球温度≤14.7℃	干球温度≤17.1℃
4.普通冷却塔＋水冷冷机	湿球温度≤4.1℃	湿球温度≤7.6℃	湿球温度≤10.8℃	湿球温度≤14.1℃	湿球温度≤17.2℃

（2）间接蒸发却塔在北京、甘肃、云南地区的适用性分析

1）间接蒸发冷却塔应用于北京的节能效果

对于北京地区，不同供回水温度时，间接蒸发冷却塔（IEC）-冷机系统相比于普通冷却塔（DEC）-冷机系统，自然冷却时长及冷源系统的能耗对比，如图 5.2-12 和图 5.2-13 所示。

对于北京地区，间接蒸发冷却塔系统相比于普通冷却塔系统，冷源系统年节能率为24.2%～44.1%，且随着冷水供水温度的升高而升高，如图 5.2-14 所示。

从等效能耗的角度看，采用间接蒸发冷却塔-冷机流程，其冷源系统全年能耗相当于将普通冷却塔-冷机流程冷水供水温度提升 3.2℃左右的全年能耗，节能优势明显。受到气

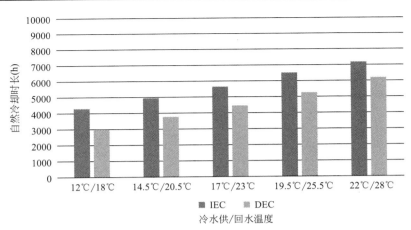

图 5.2-12　北京地区间接蒸发冷却塔（IEC）和普通冷却塔（DEC）不同冷水供水温度自然冷却时长

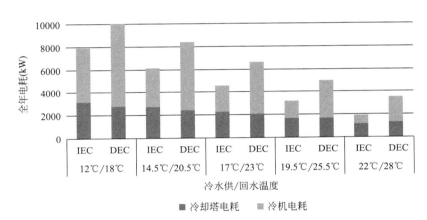

图 5.2-13　北京地区间接蒸发冷却塔（IEC）和普通冷却塔（DEC）不同冷水供水温度能耗

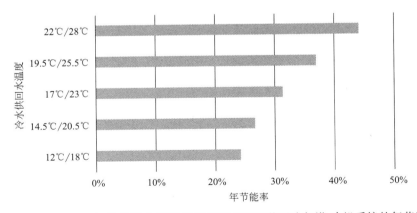

图 5.2-14　北京地区间接蒸发冷却塔-冷机系统相比于普通冷却塔-冷机系统的年节能率

象条件限制，对于北京地区，当冷水供水温度达到 30℃以上时，方可实现仅靠间接蒸发冷却塔全年自然冷却。

2）间接蒸发冷却塔应用于甘肃的节能效果

对于甘肃典型城市兰州，不同供回水温度时，自然冷却时长及冷源系统的能耗对比，如图 5.2-15 和图 5.2-16 所示。

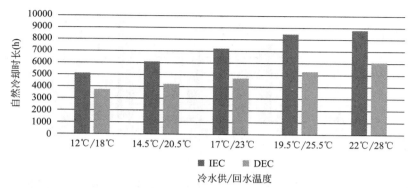

图 5.2-15　甘肃兰州地区间接蒸发冷却塔（IEC）和普通冷却塔（DEC）
不同冷水供水温度自然冷却的时长

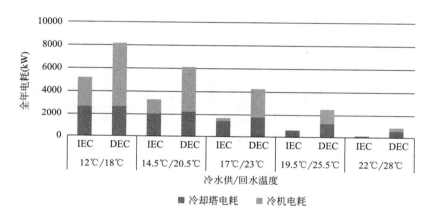

图 5.2-16　甘肃兰州地区间接蒸发冷却塔（IEC）和普通冷却塔（DEC）不同冷水供水温度能耗

对于甘肃兰州地区，间接蒸发冷却塔系统相比于普通冷却塔系统，冷源系统年节能率为 36.3%～84.0%，且随着冷水供水温度的升高而升高，如图 5.2-17 所示。

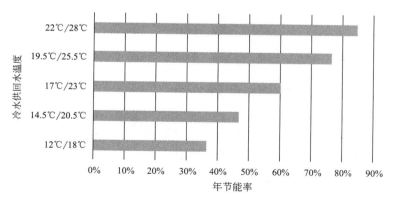

图 5.2-17　甘肃兰州地区间接蒸发冷却塔-冷机系统相比于普通冷却塔-冷机系统的年节能率

从等效冷水供水温度的角度看，采用间接蒸发冷却塔-冷机流程，其全年能耗相当于将普通冷却塔-冷机流程冷水供水温度提升 3.7℃左右的全年能耗，节能优势明显。在兰州地区，当冷水供水温度达到 21℃时，可实现仅靠间接蒸发冷却塔全年自然冷却。

3）间接蒸发冷却塔应用于云南的节能效果

对于云南典型城市昆明，不同供回水温度时，自然冷却时长及冷源系统的能耗对比，如图 5.2-18 和图 5.2-19 所示。

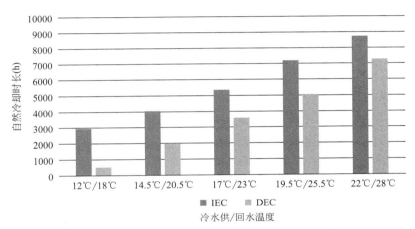

图 5.2-18　云南昆明地区间接蒸发冷却塔（IEC）和普通冷却塔（DEC）
不同冷水供水温度自然冷却的时长

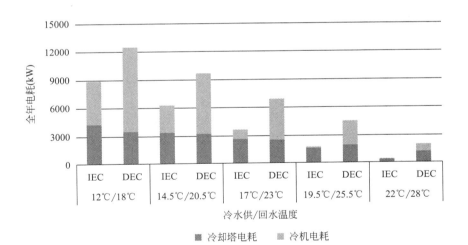

图 5.2-19　云南昆明地区间接蒸发冷却塔（IEC）和普通冷却塔（DEC）不同冷水供水温度能耗

对于云南昆明地区，间接蒸发冷却塔系统相比于普通冷却塔系统，冷源系统年节能率为 28.6%～84.7%，且随着冷水供水温度的升高而升高，如图 5.2-20 所示。

从等效冷水供水温度的角度看，采用间接蒸发冷却塔-冷机流程，其全年能耗相当于将普通冷却塔-冷机流程冷水供水温度提升 3.2℃左右的全年能耗，节能优势明显。由于云南气候条件独特，湿球温度集中，且全年几乎没有很高的湿球温度，当冷水供水温度达到 21℃时，即可实现仅靠间接蒸发冷却塔全年自然冷却。

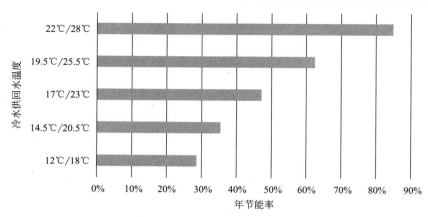

图 5.2-20　云南昆明地区间接蒸发冷却塔-冷机系统相比于普通冷却塔-冷机系统的年节能率

通过上述分析可见，对于寒冷及干燥地区，间接蒸发冷却塔作为自然冷源，相比于普通冷却塔自然冷却冷源系统年节能率 24%～85%，节能效果明显；其能耗相当于将冷水供水温度提升 3～4℃。

以间接蒸发冷却塔搭配冷水机的冷源系统为例，探究不同气象条件时，蒸发冷却为自然冷却的冷源系统运行效果。图 5.2-21 与图 5.2-22 展示了冷水供水温度在 12～22℃时，不同地区自然冷却时长、过渡季时长以及全年风机能耗、冷机能耗。

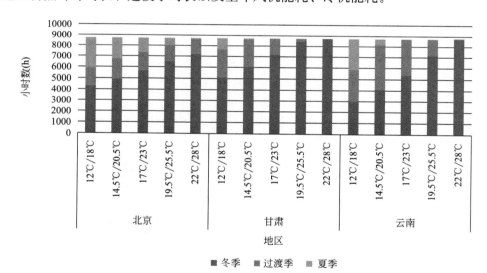

图 5.2-21　不同地区不同冷水温度，间接蒸发冷却自然冷却时长汇总

由此可见，甘肃、宁夏等西北地区，气候干燥且寒冷，露点温度低，干空气能丰富，冬季室外气温低于 0℃ 时较长，是间接蒸发冷却塔最适合应用的区域。北京、河北地区处于北方地区，气候寒冷且较为干燥，过渡季时间短，自然冷却时间长，同时结冰风险也大。云南地区气候温和，干球温度、湿球温度、露点温度波动小，当冷水温度高于 17℃ 时，系统能耗可与甘肃相当，所以云南地区非常适用供水温度较高的间接蒸发冷却塔。对于在北京、甘肃、云南地区的数据中心，直接或间接蒸发冷却塔作为自然冷却的冷源系统，可以提出如下几点设计方法：

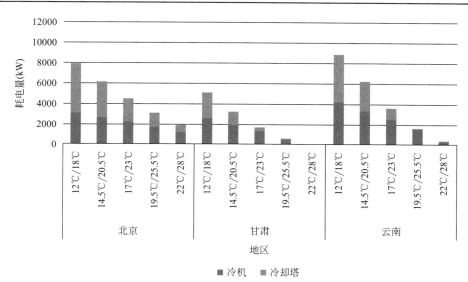

图 5.2-22　不同地区冷源系统耗电量随冷水温度的变化

1）北京地区，采用间接蒸发冷却塔可以有效解决结冰问题，夏季可降低冷却水供水温度，降低冷机能耗。此外，北京地区过渡季时间较短，自然冷却接入冷源串联和并联两种方式对冷源系统全年能耗差异不大。

2）甘肃地区，间接蒸发冷却流程能充分发挥气象条件的天然优势。所以从室外气象条件的角度讲，西北地区是最适宜采用间接蒸发冷却流程的区域。

3）云南地区"四季如春"，气候温和，湿球温度和露点温度集中。当供水温度高于 21℃ 时，冷源系统全年能耗开始低于部分北方地区，更容易实现全年自然冷却。所以对于云南地区，可以根据其独特的气象条件，设置相匹配的冷源系统参数以及不同负荷率时的运行模式。

5.2.4.2　自然冷却风冷冷水机组

由于风冷冷水机组结构紧凑，在数据中心领域也有较多应用。一般主流厂家风冷自然冷却螺杆机的设计冷量为 300～1500kW，为了实现低温环境下利用自然冷源降低制冷系统能耗，应用在数据中心领域一般会搭载自然冷却功能。图 5.2-23 为典型自然冷却风冷冷水机组的原理图。这样的设计有利于在过渡季节及冬季充分利用自然冷源与冷水换热，实现全年供冷需求的系统节能。

其具体的工作原理如下：

1）夏季与常规风冷冷水机组一样运行制冷，压缩机和风机开启，冷水回水直接流经蒸发器。

2）过渡季节当室外环境温度低于室内时，开启自然冷却功能，冷水回水先经过自然冷却盘预冷，再进入蒸发器，冷却风机满负荷运行，最大程度降低冷却水温度，自然冷却制冷量不够部分由压缩机制冷接力（压缩机只输出部分能力），通过压缩机的转速调节，使得冷水温度降低到目标温度。当室外环境温度越低时，自然冷却的制冷量越大，压缩机的能耗越小。

3）冬季当室外环境温度低至可供所有室内需要的冷量时，冷水回水经过自然冷却盘管，冷水完全由室外冷空气进行冷却，此时压缩机关闭，只消耗少量风机能耗（压缩机不

夏季制冷

热量从低温环境转移到高温环境需要压缩机做功，消耗一部分能量(热力学第二定律)，和常规风冷冷水机制冷原理相同。

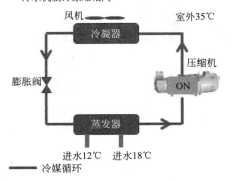

自然冷却原理

如果当室外环境温度比室内环境温度还要低呢？室内制冷是否可利用室外低温空气的"冷量"？
自然冷却的原理是利用室外低温环境温度特性给室内制冷降温，以尽量减少制冷机功耗。

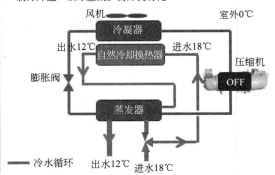

图 5.2-23　自然冷却风冷冷水机组

做功)，达到百分之百自然冷却。

以北京某数据中心自然冷却风冷螺杆冷水机组应用为例，冷水进/出水温度：18℃/12℃，30％乙二醇水溶液。如图 5.2-24 所示，相比常规风冷螺杆冷水机组，在室外低环境温度时，COP 最高可提高 28 倍，年节能率达到 37％。不同地区、不同机型、不同应用方案节能率会有差异。

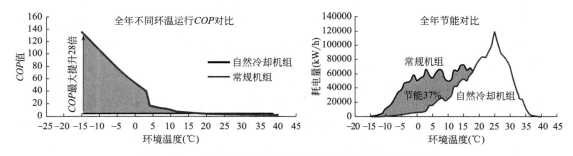

图 5.2-24　自然冷却风冷冷水机组全年运行效果（北京）

5.3　高效蒸发冷却系统

数据中心机房全年需要提供冷量，所以数据中心机房可以尽可能多的利用室外自然冷源，通过一定的处理过程送入机房，带走服务器发热量。在我国，早在 20 世纪 60 年代就有将蒸发冷却技术作为自然冷源替代人工冷源的研究，引起国内学者的关注。蒸发冷却空调技术是一项以水作为冷却介质，通过水分蒸发吸热进行冷却的技术，同时也是一项健康、节能、经济和低碳的通风空调技术。目前，蒸发冷却技术以其独特的特点在数据中心机房中的应用中已经得到了一定程度的推广。蒸发冷却技术在数据中心机房的主要应用形式分为蒸发冷却制取冷风、冷水以及蒸发冷凝等技术，如表 5.3-1 所示。

几种冷源系统方案自然冷却模式切换条件　　　　　　　表 5.3-1

种类	蒸发冷却技术	冷源温度	特点	适用范围
制取冷风	直接蒸发冷却	室外湿球温度（直接蒸发冷却；间接蒸发冷却，室外风作为二次风）	1. 影响机房湿度，带来灰尘；2. 风机能耗高	适用于空气质量好、干燥气候、中小型数据中心
	间接蒸发冷却	室外露点温度（间接蒸发冷却，送风的一部分为二次风）		
制取冷水	直接蒸发冷却塔	室外湿球温度	冬季存在结冰问题	大型数据中心；不适用于高湿度地区
	间接蒸发冷却塔	室外露点温度	防冻、冷源温度低	
制取冷媒	蒸发式冷凝器	室外湿球温度	机组结构紧凑、无冷却塔、冬季干式冷却	适用空气质量好、中小型数据中心

　　蒸发冷却不使用压缩机，相比传统电制冷空调可节能 70% 左右，蒸发冷却最大输入功率只有机械制冷空调的 30%，可减少空调系统对电力容量的需求量，在同等电力容量下，可提高 IT 机柜的安装数量，相同机柜下减少高低压供电系统的投资金额。

5.3.1　蒸发冷却制取冷风技术

　　干燥空气由于处在不饱和状态而具有制冷、制热或者发电的能力。其中通过蒸发冷却技术使空气降温是目前可实现的干空气能利用效率最高的方式。通过蒸发冷却技术制取冷风的基本途径有两种：直接蒸发冷却和间接蒸发冷却。目前，国内外数据中心对直接蒸发冷却技术和间接蒸发冷却技术均有应用，尤其对于采用间接蒸发冷却技术制取冷风的形式已成主流。

5.3.1.1　直接蒸发冷却制取冷风技术

　　直接蒸发冷却器中，填料被循环水反复喷淋。理想的蒸发冷却是绝热的，过程中空气没有显著的焓升或焓降，其过程路径沿等焓线变化，如图 5.3-1 所示。

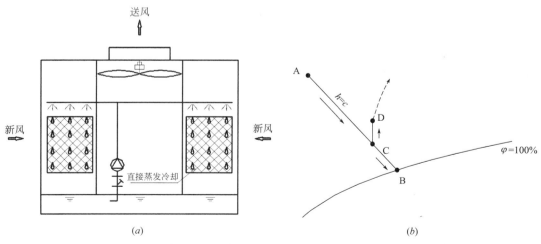

图 5.3-1　直接蒸发冷却器结构示意图、空气处理过程焓湿图
（a）基本结构；（b）空气处理过程焓湿图

图 5.3-1 中 A 点代表进入直接蒸发冷却器的室外空气，B 点代表进口空气的湿球温度。当水反复且快速地与空气接触后，水温等于 B 点温度。空气的显热转移到水表面并变为蒸发潜热，空气的干球温度下降。水吸收潜热变成水蒸汽进入空气中，空气的含湿量增大而焓值不变。大部分空气与水接触并沿着从 A 到 B 的等焓线被降温加湿。少部分空气从填料或水滴的空隙间漏出，仍然保持在状态点 A。在离开加湿段时，两部分空气混合得到状态为 C 的空气。C 状态空气在通过风机和风管时，产生摩擦并吸收从外界得到的显热，状态变化到 D 点。D 状态的空气送入数据中心机房，沿热湿比线吸收数据中心机房的设备散热量。大多数进水温度低、水再循环速度快且遮光良好的直接蒸发冷却器可接近这个理想过程。

直接蒸发冷却技术在数据中心机房的应用主要有两种类型：一类是用蒸发式冷气机给机房进行降温；另一类是利用直接喷雾降温的形式给机房进行降温。其中，蒸发式冷气机为全新风的通风方式，实现等焓加湿降温的空气处理过程，同时蒸发式冷气机也相当于湿式过滤器，其核心部件填料具有良好的吸水性能及过滤功能，蒸发式冷气机达到了降温、换气、过滤的三重功效。蒸发式冷气机在通信行业实际工程的节能改造中已经得到了广泛的应用，表 5.3-2 给出实际测试数据所显示的各项目改造前后能耗对比，可见如果能在机房要求、环境空气质量等条件允许的情况下，使用直接蒸发冷却将对数据中心产生巨大的节能意义。

直接蒸发冷却节能改造项目实测能耗对比　　　　表 5.3-2

项目名称	改造前耗电量 [（kWh）/天]	改造后耗电量 [（kWh）/天]	节能率（%）
福州某通信机房	496	37.8	92
哈尔滨某数据中心	1192	169	85
绥化某数据中心	1430	286	80

5.3.1.2　间接蒸发冷却制取冷风技术

如图 5.3-2 所示，以板翅式间接蒸发冷却器为例，换热芯体将一次空气与二次空气分隔开，形成干通道和湿通道。在干通道中，一次空气从状态点 1 等湿冷却至状态点 2，空气处理过程见图 5.3-2（b）。二次空气状态变化过程可简化成两部分：从状态点 1 沿等焓线降温至状态点 2'；吸收一次空气传递的热量后由 2' 升温。在升温过程中，由于水继续蒸发进入空气，使其状态变化到 3。所以，在间接蒸发空气冷却器中，二次空气出口温度和湿度都高于相同进口条件下的直接蒸发冷却器空气出口状态。

为了提高间接蒸发冷却的效率，Maisotsenko 等提出"M-循环"间接蒸发冷却，即露点间接蒸发冷却器。在干通道的末端部分有一些小孔，进入干通道的空气在通道末端分成两部分，一部分沿着通道流动降温后送入需要供冷的空间；另一部分在干通道中被等湿冷却后进入湿通道成为二次空气，其干球温度和湿球温度均降低。二次空气进入湿通道后与被水湿润的换热面接触。这种露点式间接蒸发冷却空气处理过程见图 5.3-3。状态为 1 的空气进入设备，通过换热面向湿通道传热，温度降低且没有水蒸气传入，空气状态达到点 2。一部分空气送入房间，余下的则进入湿通道，在那里首先吸收了湿通道的水蒸气达到饱和，然后继续吸收由干通道传递的显热。这部分显热使湿通道中更多的水蒸发形成蒸汽进入空气中。最终，3 状态点湿热的饱和空气排到室外。基于"M-循环"的间接蒸发换热

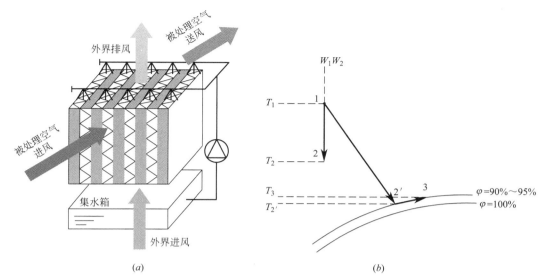

图 5.3-2 间接蒸发冷却器结构示意图、空气处理过程焓湿图

（a）基本结构；（b）空气处理过程焓湿图

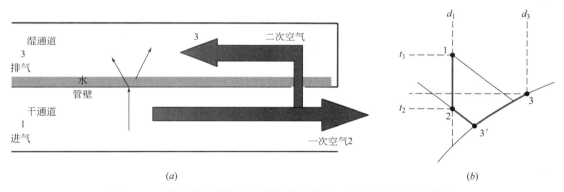

图 5.3-3 露点间接蒸发冷却器结构示意图、空气处理过程焓湿图

（a）基本结构；（b）空气处理过程焓湿图

器，开发了一系列露点间接蒸发冷却器产品。实验测试结果表明，处理后的空气可以低于湿球温度接近露点温度。

5.3.1.3 蒸发冷却与机械制冷结合制取冷风技术

近年来，蒸发冷却与机械制冷结合制取冷风技术在数据中心实际应用过程中产生很大的节能效果，引起行业的广泛关注。间接蒸发冷却空调机组因不把室外新风引入机房内部，有较好的市场应用前景。如图 5.3-4 所示，针对数据中心全年运行的特点，间接蒸发冷却需要辅助以机械制冷，其三种典型运行模式为：当室外温度较低时，室内外空气直接在空气-空气换热器中进行显热交换，此时蒸发冷却不工作，称为干模式；当室外温度较高时，仅靠室内外显热交换无法满足室内送风温度的要求，则需启动蒸发冷却对室外空气喷雾降温，确保机组冷量，此模式为湿模式；当室外温度较高且湿度较大时，需要启动机械制冷来辅助冷却，此模式为混合模式。数据中心制冷系统需要全年不间断运行，尽可能

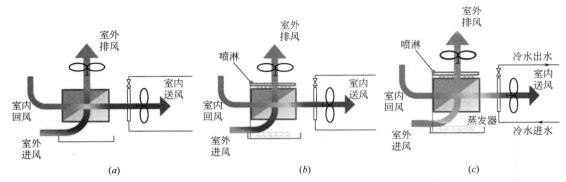

图 5.3-4　数据中心间接蒸发冷却冷却与机械制冷结合空调机组运行模式
（a）干模式；（b）湿模式；（c）混合模式

多的时间使用自然冷却而减少机械制冷的运行时间是数据中心空调系统节能的重要手段之一。

5.3.2　蒸发冷却制取冷水技术

以蒸发冷却技术制取冷水与制取冷风的原理相同，但获得的冷量形式不同，水侧蒸发冷却技术是根据水蒸发冷却原理，采用直接蒸发冷却或间接蒸发冷却技术手段制取冷水的空调技术。蒸发冷却制取冷水技术在数据中心的应用，因冷源设备相对较集中，避免了风道、空调机组等设备占用太多空间，且水侧输配系统能耗相对较小。

利用蒸发冷却技术制取冷水最常见的方式为冷却塔。为降低大型数据中心冷却系统的电耗，采用水冷制冷系统并将数据中心建在北方成为重要的措施之一。为了进一步降低冷却塔的出水温度，并防止冬季低温环境下的冷却塔结冰问题，提出了间接蒸发冷却塔原理，并在实际工程中得到了应用。

5.3.2.1　间接蒸发冷却塔用于数据中心的系统原理

利用间接蒸发冷却塔与机械制冷相结合实现数据中心排热的系统原理如图 5.3-5 所示，冷却塔进风先经过冷却水预冷（夏季）/预热（冬季）后再进入填料塔，与喷淋水进行传热传质，降低冷却水的温度，其极限是解决空气的干球温度。根据预冷/预热方式不同，可以分为冷却水回水预冷/预热与冷却水供水预冷/预热两种。当数据中心要求的冷水温度提高到 17~22℃ 的水平时，对于西北干燥地区，可以实现全年利用间接蒸发冷却塔排热，而取消电制冷机。

5.3.2.2　间接蒸发冷却塔的实测性能分析

（1）间接蒸发冷却塔的夏季性能分析

采用间接蒸发冷却塔，夏季工况，通过空气-水换热器对空气进行等湿降温，在各部件实现流量匹配的时候，夏季工况制出的冷却水极限温度为进风露点温度，其原理如图 5.3-6 所示。此时相比普通冷却塔，可以较大幅度降低冷却水出水温度，从而提高冷机的 COP，降低系统电耗，降低系统的 PUE。并且，当冷水设计温度达到 18~20℃ 时，对于西北干燥地区，还可以利用间接蒸发冷却塔独立制备出机房所需的冷水，从而取消电制冷机，使得机房进一步节能。图 5.3-7 给出了夏季实测的间接蒸发冷却塔的出水温度，低

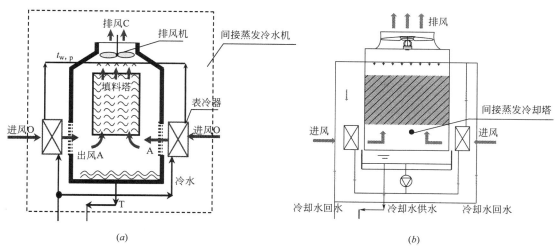

图 5.3-5 间接蒸发冷却塔与机械制冷机组相结合的机房冷源方案
（a）冷却水回水预冷/预热；（b）冷却水供水预冷/预热

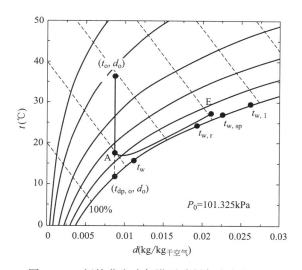

图 5.3-6 间接蒸发冷却塔夏季制备冷水的原理

于室外湿球温度，基本处在湿球温度与露点温度的平均值。

（2）间接蒸发冷却塔实现冬季防冻的性能分析

1）实现防冻的原理

如图 5.3-5 所示的间接蒸发冷却塔的流程，冬季的工况，系统的冷源侧的冷水回水首先经过间接蒸发冷却塔的表冷器和室外新风进行换热，此时冷水回水温度高，室外新风温度低，冷水通过表冷器能够对新风加热，冷水回水温度一般在 10℃ 以上，其能够将室外风升温至 10℃，这样，室外风经过表冷器被冷水回水加热后再进入填料塔和喷淋的冷水接触蒸发冷却，整个蒸发冷却过程空气与水的温度均高于 0℃，并且一般情况也能保证空气的湿球温度高于 0℃，这样整个喷淋过程就没有冻的风险，实现了冬季防冻。并且，此时表冷器和填料塔共同承担对冷水回水降温的任务，所需的进风量减小，进风更容易通过表冷

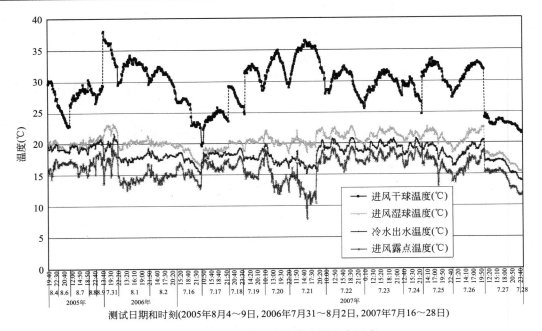

图 5.3-7　间接蒸发冷却塔实测出水温度

器被升温；且充分利用了室外的干燥特性通过蒸发冷却对冷水回水降温，和干冷器相比，所需的表冷器面积也大幅度减少，系统变得更加经济可靠。

图 5.3-8 在焓湿图上表示出了间接蒸发冷却塔的一个冬季运行工况。该工况为室外温度极低的一个极端工况，室外干球温度−40℃，冬季机房设计回水温度14℃，设计出水温度10℃。图 5.3-8 中，O 为室外空气状态，A 为经过间接蒸发冷却塔表冷器升温后的空气状态，C 为排风状态，t_{wr} 为机房回水温度，t_{wp} 为经过表冷器后的冷水出水温度，t_{wo} 为经过喷淋塔之后的间接蒸发冷却塔出水温度。表 5.3-3 给出了该工况各参数的状态，以及该工况间接蒸发冷却塔的气水比（空气与水的质量流量之比）。

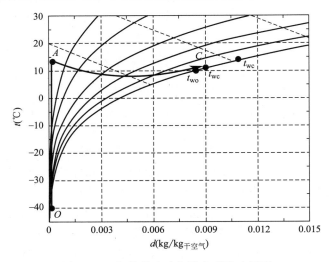

图 5.3-8　间接蒸发冷却塔冬季防冻原理

间接蒸发冷却塔冬季工况各参数状态　　　　　　　　表 5.3-3

进风温度 t_O	表冷器出风温度 t_A	表冷器出风湿球温度 $t_{A,s}$	排风温度 t_C	冷水回水温度 t_{wr}	表冷器出水温度 t_{wp}	间接蒸发冷却塔出水温度	气水质量流量比
−40℃	13.8℃	2.5℃	11.0℃	14℃	11.1℃	10℃	0.23

由图 5.3-8 可知,在室外干球温度为 −40℃ 的情况下,当机房的供/回水温度设计为 10℃/14℃ 时,室外空气经过间接蒸发冷却塔的表冷器被加热到了 13.8℃,表冷器的出风的湿球温度为 2.5℃,也高于 0℃,而经过空气-水蒸发冷却过程,空气的排风温度为 11.0℃;冷水回水温度 14℃,进入表冷器加热室外风后自身降低到 11.1℃,之后经过蒸发冷却过程被降至 10℃,作为机房冷源侧的供水被输出系统。可见发生在间接蒸发冷却塔内部的空气和水直接接触的整个蒸发冷却过程,空气的干球温度高于 11℃,空气的湿球温度高于 2℃,水温高于 10℃,整个过程都不存在结冰的风险。从图 5.3-8 所示的焓湿图过程可知,利用间接蒸发冷却塔在冬季制备冷水,其能够防冻的核心是通过间接蒸发冷却塔的表冷器利用机房回水对室外风升温,使得空气和水直接接触的蒸发冷却过程在高温的环境下完成。

同时除了冷却塔不冻之外,表冷器也需要合理的设计,使得表冷器不冻。需要保证表冷器内部盘管的水流速,并进行准逆流或顺流的设计,绝不能设计为叉流的盘管,从而保证表冷器不冻。

可见,间接蒸发冷却塔防冻的功能通过机组自身的流程而实现,不需要任何切换,其冷水流程的运行模式和夏季工况是一致的,这样省去了阀门切换的麻烦,同时使系统可以全年安全可靠的运行。并且,当要求的冷水温度升高之后,利用间接蒸发冷却塔可以更加安全可靠的实现防冻。

2)实测防冻性能

图 5.3-9 给出了间接蒸发冷却塔在室外 −16～−17℃ 时的实测性能,表冷器后风温可以升到 10℃ 之上,保证了冷却塔不冻,并且,表冷器的实测最低表面温度也在 5℃ 左右,也保证了表冷器不冻。

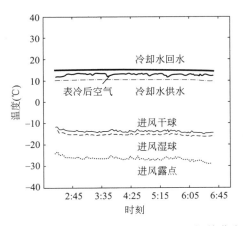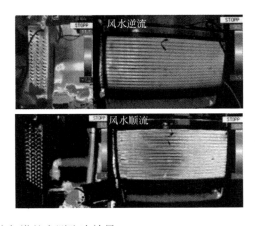

图 5.3-9　间接蒸发冷却塔的实测防冻效果

(3)全年不同工况间接蒸发冷却塔出水温度的调节方法

由上述系统全年的运行策略可知,间接蒸发冷却塔运行在全年变化的工况下,由于机房的排热量全年基本稳定，要求间接蒸发冷却塔满足全年排热的要求。

对于夏季工况，对间接蒸发冷却塔的要求是能够排掉机房所有的热量和与机械制冷压缩机的耗电量相当的热量之和，在满足排热量的前提下，要求间接蒸发冷却塔出水温度越低越好，以提高机械制冷机组的COP。因此对于夏季工况，在不同的工况下间接蒸发冷却塔并不进行主动调节，即当室外工况变好时，并不减少机组的排风量，并不调节间接蒸发冷却塔的水量，从而可使得机组的出水温度在满足排热之后最低，以充分提高机械制冷机组的COP。图5.3-10给出了不同的室外湿球温度下，当间接蒸发冷却塔的排热量不变时，间接蒸发冷却塔的出水温度的变化。

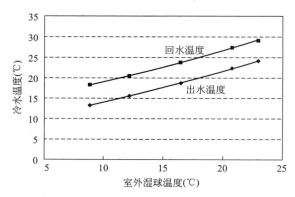

图 5.3-10　间接蒸发冷却塔供回水温度随室外湿球温度的变化

由图5.3-10可知，随着室外湿球温度的降低，间接蒸发冷却塔的出水温度也随之降低，室外湿球温度每降低1℃，间接蒸发冷却塔的出水温度降低0.7℃，机械制冷机组的冷凝温度随之降低，COP升高，COP升高的具体值取决于机械制冷机组自身的性能。

对于冬季工况，此时间接蒸发冷却塔独立作为机房空调的冷源，其仅需排掉机房的所有产热，不再包含机械压缩制冷的功。此时需要保证间接蒸发冷却塔出水温度的稳定，调节的方法是，冷却水流量不变，仅需调节间接蒸发冷却塔的排风机频率，从而通过调节排风量使得在不同的室外工况下间接蒸发冷却塔的出水温度稳定。以要求的出水温度10℃为例，图5.3-11给出了为保证间接蒸发冷却塔出水稳定在10℃，冷水流量不变，冷水回水温度14℃，间接蒸发冷却塔的气水质量流量比随室外湿球温度的变化。

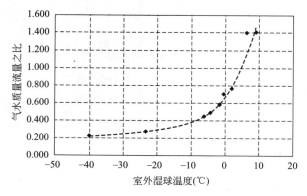

图 5.3-11　间接蒸发冷却塔气水比随室外湿球温度的变化

由图 5.3-11 可知，当利用间接蒸发冷却塔独立为机房供冷时，随着室外湿球温度的降低，冷水流量不变，可以相应地调节间接蒸发冷却塔的排风量，保证间接蒸发冷却塔的供水温度保持不变。可见，间接蒸发冷却塔的控制策略非常简单，冷却水侧定流量运行，冷却水管路没有任何随工况变化的切换，只要保证冷却水泵正常运转，就能保证系统全年安全可靠地运行。

5.3.3　蒸发冷却制取冷媒技术

蒸发冷凝式技术是以蒸发冷却（风冷式机械制冷冷凝器或热管冷凝器）为散热实现冷媒冷凝的技术方式，提高机械制冷或热管的效率，同时针对数据中心可以集成相关自然冷却技术进一步降低数据中心制冷系统能耗。蒸发冷凝冷水机组以其高能效比、结构紧凑、无需设置冷却塔、低温下可运行于干模式避免水结冰等优点，已得到了广泛推广，特别适合在数据中心等工业领域使用。

蒸发冷凝技术是一种利用水蒸发和吸收热量的技术。水具有在未饱和空气中蒸发的能力。在没有其他热源的情况下，水也能够自主的与空气进行热湿交换，在此过程中空气将显热传递给水，降低了空气温度，而水吸收空气的显热，汽化为水蒸气，使得空气中的水蒸气含量增加，随着水的蒸发，空气中的水分不仅增加，而且进入空气的水蒸气还会带来蒸发潜热，属于潜热变化。当两种热量相等时，水达到空气的湿球温度。只要空气不饱和，用循环水直接向空气喷淋，即可达到降低空气干球温度的目的。

风冷式冷凝器和水冷式冷凝器都是通过冷却空气或者冷却水的温度变化来冷却换热器内部循环着的高温高压制冷剂的，这两种换热的过程中的冷却流体只有温度变化，即显热变化，往往换热器结构尺寸较大。而蒸发冷凝作为一种高效的散热方式，通过水的蒸发带走高温高压制冷剂的冷凝热，水蒸发过程中发生相态的变化所吸收的汽化潜热要远远高于显热变化，蒸发式冷凝器结构如图 5.3-12 所示。

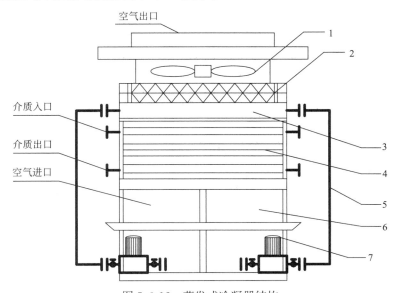

图 5.3-12　蒸发式冷凝器结构

1—风机；2—除雾机；3—喷水系统；4—换热盘管；5—上水管；6—构架水箱；7—循环水泵

5.3.4 小结

随着蒸发冷却技术在国内外数据中心的应用，数据中心 *PUE* 及运行成本得以有效降低，引起数据中心行业的极大关注。同时伴随着蒸发冷却技术在中国二十余年的发展，蒸发冷却相关原理与应用研究也日趋成熟，可以为数据中心的建设提供诸多指导。而蒸发冷却空调技术在数据中心的应用过程中，应当充分考虑数据中心和民用及其他工业建筑领域的区别，将蒸发冷却技术用对、将蒸发冷却产品用好。针对蒸发冷却技术在数据中心的发展，提出以下建议：

（1）应当以行业协会、组织为依托，加强用户、科研院所、设计院、企业等单位之间的交流，相互包容、团结协作、各展其长，让蒸发冷却技术更好地为数据中心服务。

（2）要结合实际应用地区的气象条件、建筑结构特点、资源条件等因素，科学合理的确定不同形式的间接蒸发冷却空调系统，达到最优的节能效果。

（3）相关研究与标准的制定，既要限定不同形式的间接蒸发冷却产品质量，又要从系统运行维护方面对产品进行引导。

（4）注重优化间接蒸发冷却空调机组结构尺寸，在保证制冷量的同时减小机组的体积，同时应选择合适的安装技术方案，提高空调对建筑的适用能力。

（5）随着数据中心服务器密度不断增大，以液冷为代表的高效散热方式的出现给蒸发冷却技术带来了前所未有的机遇，蒸发冷却制取冷水、冷风技术在数据中心多尺度冷却系统中应当发挥其节能作用。

（6）应当因地制宜的在"一带一路"沿线国家做出适应性分析，将蒸发冷却产品与系统方案推向世界，助力构建绿色数据中心。

5.4 高效热管冷却系统

当室外环境温度低于室内环境温度时，室内的热量可以自动从高温环境向低温环境传递，从而实现自然冷却（即不开启制冷机组），回路热管是实现数据中心高效自然冷却的重要技术形式之一。充分利用自然冷源是目前解决数据机房高能耗问题的首选方式，并且从一定时间来看，自然冷源是一种可再生能源，当数据中心利用自然冷源产生与常规机房空调同等制冷量时，所消耗的能源低于常规机房空调的那部分能源即为可再生能源。利用自然冷源比较优异的方式之一就是热管。

5.4.1 回路热管冷却系统思辨

5.4.1.1 蒸气压缩主动制冷循环与回路热管自然冷却循环

如图 5.4-1 所示为制冷循环以及理想热管循环的压焓图。分析热管循环与制冷循环，两者都是通过制冷剂相变传热，在蒸发器中沸腾汽化，在冷凝器中冷凝液化，在传热方式上具有相似性。理想条件下，只要存在传热温差（室外环境温度低于室内环境温度），既可以利用热管系统进行制冷，也可以利用制冷系统进行制冷，故而可以认为制冷系统与热管系统具有相似性或一致性。特别的，对于气相热管系统，它与制冷系统所包含部件配置基本相同，只是根据当前运行工况改变系统部件运行方式，都是通过制冷剂冷凝与蒸发作

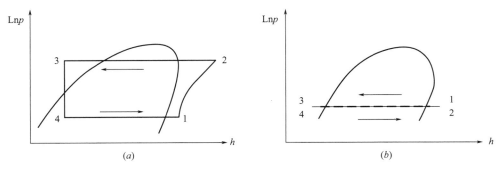

图 5.4-1　制冷/（理想）热管系统压焓图

（a）制冷循环压焓图；（b）热管循环压焓图

用实现循环制冷，相似性、一致性更为显著。

而这种热管循环、制冷循环一致性的原理对于如何实现制冷系统更高效节能运行提供了新的思路，下面以目前行业最常见的 24℃ 房间级以及 37℃ 列间级机房空调为例，分析如何利用热管、制冷循环一致性原理实现制冷系统更高效节能运行，如图 5.4-2 和图 5.4-3 所示。

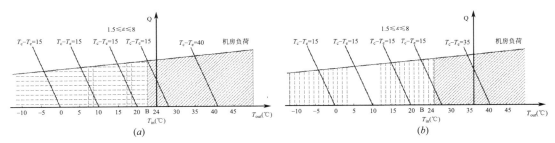

图 5.4-2　常规房间、列间空调运行图

（a）回风温度 24℃；（b）回风温度 37℃

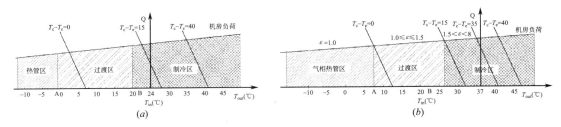

图 5.4-3　热管型空调运行图

（a）回风温度 24℃；（b）回风温度 37℃

横坐标 T_{out} 表示室外环境温度（如果室外采用间接蒸发冷却，则 T_{out} 为接近室外空气露点温度，如果室外采用冷却塔直接蒸发冷却，则 T_{out} 为室外空气湿球温度），T_{in} 表示机房回风温度（如果采用水冷冷水型系统，那么 T_{in} 为室内回水温度、T_{out} 为室外冷却供水温度），纵坐标表示制冷量/负荷，T_c 表示冷凝温度，T_e 表示蒸发温度；机房负荷随着室外温度略有降低，常规房间/列间空调压缩机只能在压缩比 $1.5 \leqslant \varepsilon \leqslant 8$ 范围内运行；随着室外温度降低，蒸发温度 T_e 基本维持不变，而冷凝温度 T_c 随着室外温度降低而降

低，在室外温度 $T_{out}=B℃$ 时，为保护压缩机在安全压缩比下运行，系统室外风机会采取降低转速甚至停止的方式运行，即室外温度 T_{out} 低于 $B℃$ 时，系统会一直在（T_c-T_e）＞15℃状态下运行，故而造成浪费。而采用热管型空调（热管温差换热原理）系统运行时，在室外 $T_{out}＞B℃$ 时运行状态与常规机相同，而在室外温度在 $A℃＜T_{out}≤B℃$ 时，系统会采取尽量低压缩比运行，即充分利用自然冷源（$1.0＜\varepsilon≤1.5$），减少系统运行损失，提高系统运行效率，当室外温度 $T_{out}≤A℃$ 时，理想情况下，如忽略换热器与管道压力损失，系统运行压缩比 ε 为 1，为完全气相热管循环，能效高。实际系统中由于换热器、管路等部件存在，系统具有一定的压力损失，一般在 1～3bar 之间，故而对应于房间/列间机房空调，实际气相热管循环时压缩比 $\varepsilon＞1.0$。

如图 5.4-4 和图 5.4-5 所示为行业 24℃ 及 37℃ 回风温度的热管机房空调的最小能效分析图。数据中心制冷可以看成是一个通过室内外温度差实现能量搬迁的过程，利用热管温差传热的原理，定义温差 $\Delta T=（T_{in}-T_{out}）+（T_c-T_e）$，其中 ΔT 表示总需求温差，即完成数据中心散热所需的总传热温差，温差 ΔT 随着室外温度降低会有一个很小幅度降低，根据温差换热特性以及现有换热器能力将数据中心制冷系统分为三种情况：

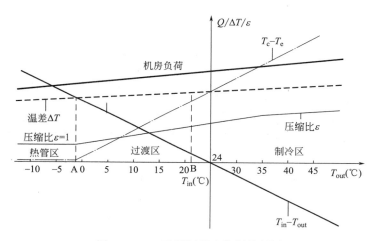

图 5.4-4　24℃回风最小能耗分析图

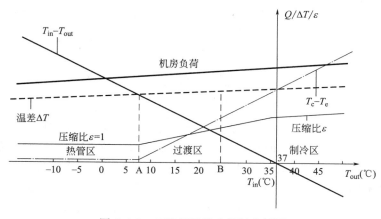

图 5.4-5　37℃回风最小能耗分析图

（1）当自然温差足够大时，即 $(T_{in}-T_{out})\geqslant\Delta T$，此时不需要温差补偿，甚至还需要减小温差，因此补偿温差 $(T_c-T_e)\leqslant0$。实际情况下为保证系统正常运行，需要通过降低室外风机风速等方式抬高 T_c，保持 $(T_c-T_e)\geqslant0$，确保系统安全稳定运行。

（2）当自然温差满足 $0<(T_{in}-T_{out})<\Delta T$ 时，有一定的自然温差，但小于需要的总传热温差，必须人为加入一定的补偿温差 (T_c-T_e) 来满足传热要求，此时补偿温差 $(T_c-T_e)>0$，即通过 $(T_{in}-T_{out})+(T_c-T_e)$ 之和等于 ΔT。

（3）当自然温差小于 0 时，即 $(T_{in}-T_{out})\leqslant0$ 时，传热温差完全由补偿温差 (T_c-T_e) 提供，甚至补偿温差 (T_c-T_e) 需要克服负的自然负温差并达到需要的传热温差要求，此时补偿温差 (T_c-T_e) 很大，$(T_{in}-T_{out})+(T_c-T_e)$ 之和等于 ΔT。

5.4.1.2 三种形式回路热管系统

在数据中心热管技术运用中，以分离式热管较多，它不仅可以利用室外自然冷源保障计算机房稳定持续工作，确保房间内部空气品质，而且能够大幅降低空调系统的运行能耗。根据驱动力不同可分为重力型与动力型，根据输送工质可分为液相型和气相型，三类分离式热管各自具有特点，如图 5.4-6 所示，其压焓图如图 5.4-7 所示。其中重力热管，或称为自然循环，它是以工质气、液体的重力差以及上升气体和下降液体的密度差作为循环动力，冷凝器在上，蒸发器在下，重力循环的驱动力正比于下降管液柱高度而并非两器高差，两器高差只是下降管液柱高度的上限值，两器的高差越大并不意味着性能越好。液相动力型分离式热管采用液泵作为动力输送装置，克服了安装高度限制，液态工质在液泵驱动下输送至蒸发器蒸发吸热，蒸发后的气态工质进入冷凝器冷凝成为液态工质，再次经过液泵作用输送至蒸发器，如此循环，为防止气蚀，一般液泵前需要安装储液器。气相动力型分离式热管采用气泵作为驱动装置，气态工质在气泵驱动力下输送至冷凝器冷凝，冷凝后的液态工质进入蒸发器蒸发吸热，再次经过气泵作用输送至冷凝器，如此循环，同样可以克服高度差限制，在气泵作用下完成循环，为防止液击，一般气泵前需要安装气液分离器。

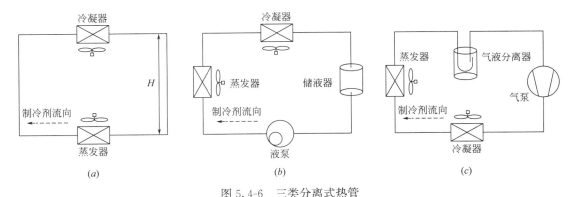

图 5.4-6 三类分离式热管
（a）重力型；（b）液相动力型；（c）气相动力型

动力型分离式热管克服了传统重力型分离式热管在安装位置等方面的缺陷（重力型分离式热管在落差不足时无法很好地在制冷系统内分布），改善了制冷剂在系统内的分布状态，优化了系统换热，其中液泵增压作用在蒸发侧，提高了蒸发压力、减小了室内换热温

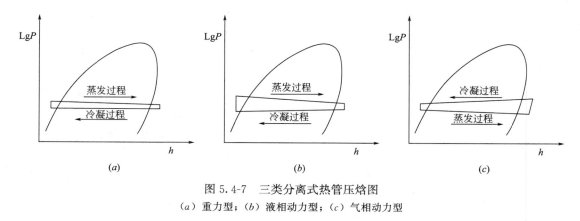

图 5.4-7 三类分离式热管压焓图
（a）重力型；（b）液相动力型；（c）气相动力型

差，降低了冷凝压力，减小了室外冷凝温差，导致系统换热量不足，弱化了理想热管循环（理想热管循环是一个等压循环），不适用于长配管、高落差等阻力较大的工况；而气泵增压作用在冷凝侧，增大了冷凝温差，强化系统冷凝效果，强化了理想热管循环，使得性能比液相动力型分离式热管性能更为优越。目前行业内液泵（制冷剂泵）效率较高，COP较高，若忽略内、外风机功率，只计算动力输送装置（液泵）的性能，一般COP可达到30~60；气相动力型分离式热管一般采用压缩机升级改造，由于输送介质为气态工质，气态工质密度远小于液态工质，受压缩机气缸排量限制较大，并且压缩机本身泄漏率的存在，故而在同等制冷量前提下，COP较低，同样不考虑内、外风机功率，只计算动力输送装置（气泵）的性能，COP一般为15~30，而常规压缩机也可考虑采用双缸或多缸结构，增加排量，提高COP。故而可以得出数据中心空调系统动力装置COP能效中，重力型分离式热管最高，其次是液相分离式热管，最后是气相分离式热管。

5.4.2 重力型回路热管

5.4.2.1 重力型独立回路热管机房空调系统

回路热管是热管的一种形式，也称重力分离热管，在数据中心冷却中得到了广泛的应用。它是通过工质在室内外两个换热器中的相变传递能量，通过压力差和重力回流作用在管道中实现气液自然循环。如图5.4-8所示，整个系统通过制冷工质的自然相变流动将热量从室内排到室外，无需外部动力，运行能耗相比机械制冷系统大幅降低。同时，环路热管传热性能好，能够在近似等温的条件下输送高密度热量，且传热距离远、启动温差小、布置灵活、结构简单紧凑、可靠性高，非常适用于数据中心这类对环境和安全性要求很高的场合。

5.4.2.2 叠加式重力回路热管/蒸气压缩一体式机房空调系统

如图5.4-9所示，它是由常规空调系统与重力型分离式热管直接叠加构成，当室外温度较高时，机组单独运行空调系统制冷，当室外环境温度比机房内部温度低5℃以上时，即可开启分离式热管系统，热管系统制冷能力不足时，则开启制冷系统补偿。实验结果显示，当室外环境温度在20℃左右时，分离式热管型机房空调能够保证设备正常运行，并且机柜出风温度能够得到较好的控制，系统的COP随着室外环境温度的降低，从4.66升高到13.9，机组平均能效比可达9.05，具有显著节能优势；一种重力型分离式热管与蒸气

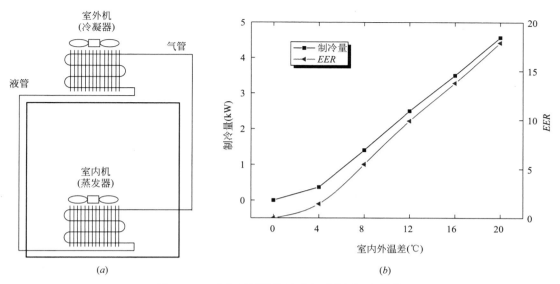

图 5.4-8　重力型回路热管冷却系统原理与性能

（a）原理图；（b）性能图

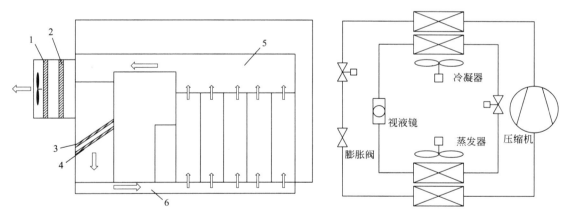

图 5.4-9　叠加式重力回路热管/蒸气压缩一体式机房空调系统

1—空调冷凝器；2—分离式热管冷凝部分；3—分离式热管蒸发部分；4—空调蒸发器；

5—回风风道；6—地下送风风道

压缩式系统的双回路复合空调，它是通过一个叠合型冷凝器与一个叠合型蒸发器构成，它可以根据机房的工况在热管模式、空调模式和热管空调复合模式之间自由切换，试验结果显示在室外温度为 15℃、进风温度为 35℃ 时，新系统制冷量达 18.5kW，能效比为 4.4，当室外温度为 15℃、进风温度为 25℃ 时，制冷量达 14.6kW，能效比为 3.5，试验结果显示年节能率在 20%～55%。

以上系统设备中的热管与空调机组共用风侧风道，或者直接采用两套系统进行简单叠加，会造成蒸气压缩制冷模式下风侧阻力的增加，降低蒸气压缩制冷的能效。另一方面，共用风侧风道虽然在一定程度上简化了系统构成，但并不包含制冷剂管路的复合结构，并不是严格意义上的一体式空调，故而两套或准两套系统，成本高，制冷系统和热管系统能量调节不易控制，并且无法充分利用自然冷源。

5.4.2.3 旁通式重力型回路热管/蒸气压缩一体式机房空调系统

旁通式重力型回路热管/蒸气压缩一体式机房空调系统如图 5.4-10 所示。最早旁通式重力型回路热管/蒸气压缩一体式机房空调系统是由日本学者 Okazaki T 等提出，它在原有蒸气压缩空调器的基础上，在气液分离器前加设电磁阀，并设置单向阀，保证蒸发器低于冷凝器一定垂直距离，在室外温度较低时，系统在热管模式下运行；当室外温度较高时，机组切换至蒸气压缩制冷模式。韩国 Lee S 等提出一种采用 4 个电磁阀分别控制运行热管模式和制冷模式的一体式复合空调，并总结了充注量、换热器流程以及高度设计方法；清华大学石文星等将重力型分离式热管技术与蒸气压缩式制冷技术结合，开发出小型一体重力复合空调，并开发了适合于两种模式性能特点的三通阀、蒸发器入口分液器和连接管等部件，使得热管模式的流动阻力有所降低，制冷效果大幅改善，并将研制的热管/蒸气压缩空调机组在全国南北多个基站中进行试点应用，实测结果表明机组运行稳定、室内温度控制良好，在同等条件下，比常规基站空调节能30%～45%，由于系统简单，相较于原来的空调产品，成本增幅低，故而该产品自研制成功后，产生了一定的规模效益，为小型机房、基站空调带来了较大幅度的能效与技术提升。以上三种重力热管一体复合型空调系统原理相同，三者区别在于是通过电磁阀还是三通阀切换工作模式。

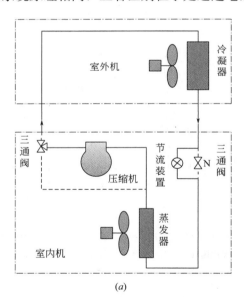 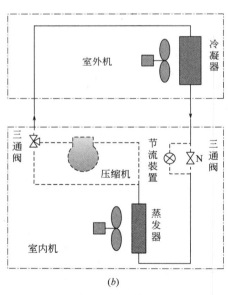

图 5.4-10　旁通式重力型回路热管/蒸气压缩一体式机房空调系统
(a) 热管模式；(b) 制冷模式

5.4.2.4 基于三介质换热器的重力回路热管/蒸气压缩一体式机房空调系统

基于三介质换热器的重力回路热管/机械制冷一体式机房空调系统原理级性能如图 5.4-11 所示。

该系统利用三介质换热器将机械制冷回路和回路热管回路耦合起来。三介质换热器采用翅片管式，内管为制冷剂通道，外管和内管之间的环形通道为热管工质通道，外管外侧布置翅片，为空气通道。机械制冷回路由压缩机、冷凝器、节流阀和三介质换热器的制冷

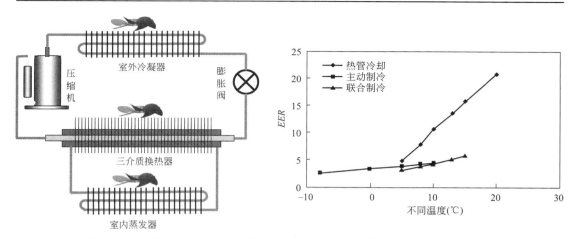

图 5.4-11　基于三介质换热器的重力回路热管/蒸气压缩一体式机房空调系统

工质通道组成。回路热管由三介质换热器的回路热管工质通道和蒸发器组成。蒸发器安装在室内，其余装置安装在室外。该系统有三种工作模式：热管模式、制冷模式和联合制冷模式。不通过阀门切换实现模式转换，每种模式下制冷剂的分布相近，并且均具备良好的制冷能力，热管模式 EER 值在 20℃温差下达 20.8。全年能效比达到 12.0 以上（北京）。

5.4.2.5　基于双循环通道的重力回路热管/蒸气压缩一体式机房空调系统

图 5.4-12 给出了一种不依赖电磁阀的基于双循环通道的重力回路热管/蒸气压缩一体式机房空调系统。热管回路有两个循环通道，热管的工质可以通过室内侧的中间换热器与蒸气压缩制冷回路换热冷凝，也可以进入室外风冷冷凝器中冷凝。室外侧两台冷凝器仅共用风道。基于实验数据的分析结果显示，对于北京、哈尔滨等寒冷地区，采用这一系统的机房 PUE 可以下降 0.3 左右。

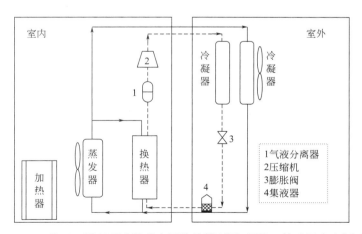

图 5.4-12　基于双循环通道的重力回路热管/蒸气压缩一体式机房空调系统

5.4.3　液泵辅助驱动回路热管冷却系统

重力型热管空调系统要求室外机组的位置必须高于室内机组，然而很多场合难以满足这种特定的要求，行业相继推出带有液泵驱动的复合空调产品，空调系统可根据室外环境温度与室内负荷大小分别切换制冷模式、混合模式以及液泵循环模式，在很多地区场合得到了推广运用，并实现了一定程度的节能。但该产品在压缩机/液泵双驱模式（混合模式）下，通过提高制冷量实现能效比提升，并非真正意义上的利用过渡季节的自然冷源，主要是因为液泵的运行本身带来了能耗，如果压缩机本身可以低压缩比运行，膨胀阀具备宽幅流量调节功能，此时不运行液泵，能效比可以更高；并且在该温度区间由于系统制冷量很大，容易出现液泵与压缩机频繁启停的现象，这不仅增加能耗，也会使得高压侧的液泵频繁启停而损坏；同时在长配管、高落差工况下，液泵扬程不足，制冷性能衰减，故而该产品仍具有一定不足。

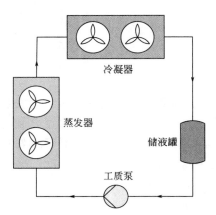

图 5.4-13　液泵驱动热管系统工作原理

5.4.3.1　液泵驱动热管系统

液泵驱动热管系统主要由冷凝器（室外侧）、蒸发器（室内侧）、液泵、储液罐和风机组成，通过管路连接起来，将管内部抽成真空后充入冷媒工质。如图 5.4-13 所示，系统运行时，由液泵将储液罐中的低温液体冷媒工质输送到蒸发器中并在蒸发器中吸热相变汽化，之后进入冷凝器中放热，被冷凝成液体，回流到储液罐中，如此循环，从而将室内的热量源源不断转移到室外，达到为数据机房冷却散热的目的。

液泵驱动热管系统在数据中心中的应用主要以列间级和房间级冷却形式为主，根据制冷量、安装空间和现场的实际情况，其室内机和室外机可以选择一台或者多台。单体室内机额定制冷量为 5～60kW；单体室外机额定制冷量为 5～80kW。

5.4.3.2　液泵驱动热管与蒸汽压缩制冷复合系统

液泵驱动热管系统是利用室外气温较低的自然冷源进行冷却，在夏季室外气温较高时仍需开启蒸气压缩制冷，为了避免使用两套独立的系统来实现全年供冷所造成的资金和空间上的过多占用，研究人员进一步提出将液泵驱动热管与蒸汽压缩制冷复合，主要包括液泵驱动热管自然冷却模式和蒸汽压缩制冷模式两个模式，如图 5.4-14 所示。在一定热负荷范围内，当温度足够低时，运行液泵驱动热管模式可以满足室内的换热需求。举例来说，5 匹压缩机额定制冷量为 11.62kW，则室外温度低于 8.40℃时运行液泵驱动热管模式

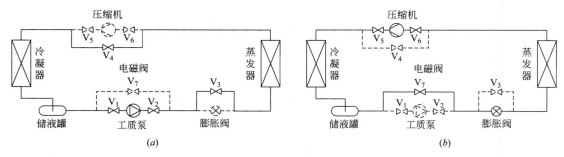

(a)　　　　　　　　　　　　　　　　　　　(b)

图 5.4-14　液泵驱动热管与蒸气压缩制冷复合系统工作模式

（a）液泵驱动热管自然冷却模式；（b）蒸气压缩制冷模式

可实现相应的换热量；3.5 匹压缩机额定制冷量为 8.13kW，则室外温度低于 12.32℃时运行液泵驱动热管模式可实现相应的换热量。

5.4.3.3　基于冷凝蒸发器/储液器的液泵驱动热管与蒸汽压缩制冷复合型制冷系统

图 5.4-15 所示为一种基于冷凝蒸发器/储液器的液泵驱动热管与蒸气压缩复合型制冷系统，该系统通过液泵驱动的动力热管系统与压缩制冷系统在冷凝蒸发器处进行复叠构成，热管冷凝器与制冷冷凝器叠合而成，共用一个风机，冷凝蒸发器采用壳管式换热器，系统能够根据室外温度以及机房负荷分别切换热管模式、复合模式以及制冷模式，实现了热管与机械制冷同时运行，将热管复合（复叠）型空调机组与风冷直膨式机组、风冷双冷源冷水机组在广州、上海、北京、哈尔滨 4 个地区进行能效模拟对比分析，结果表明热管复合式机组节能率为 4.8%～46%。

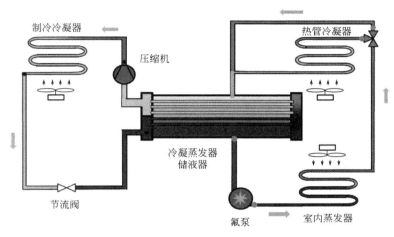

图 5.4-15　基于冷凝蒸发器的复合制冷系统

图 5.4-16 所示为一种基于储液器的液泵驱动热管与蒸气压缩复合型制冷系统，系统由蒸气压缩制冷系统与分离式热管系统通过低压储液器耦合复合构成，实现按需制冷；包括压缩机、制冷冷凝器、节流装置、低压储液器、液泵、蒸发器、热管冷凝器，在三通阀的作用下，系统可根据室外环境温度以及室内负荷需求分别切换运行制冷模式、复合模式以及热管模式。通过样机试验数据显示，在北京地区，热管复合空调 $AEER$ 达到 6.6，与传统风冷直膨机房精密空调相比，全年能效比 $AEER$ 提高 45%以上。

5.4.3.4　磁悬浮压缩机/液泵复合制冷系统

图 5.4-17 给出了磁悬浮压缩机/液泵驱动的复合制冷系统，包括冷水末端性和冷媒末端性两种。采用磁悬浮或者气悬浮压缩机，具备小压缩比、变容量、无油运行，拓宽自然冷却工作温区与工作时间，降低数据中心能耗。

根据上述图 5.4-17（a）原理设计一台 60rt 的热管型风冷磁悬浮冷水机组样机以及列间冷水末端，样机匹配了制冷剂泵，并在实验室进行性能实验，压缩机采用丹佛斯天磁 TT300 系列，制冷剂采用 R134a，测试出水/回水温度在 12℃/17℃、15℃/20℃工况下机组性能。

对于风冷磁悬浮主机以及末端，本次测试采用分开测试，其中末端采用室内 37℃回风的列间冷水末端进行 12℃/17℃、15℃/20℃进水/出水温度性能实验，由于末端采用多联

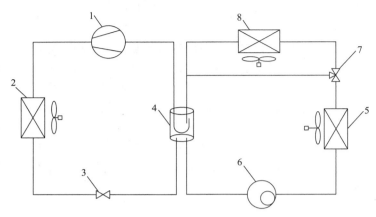

图 5.4-16 基于储液器复合型制冷系统

1—压缩机；2—制冷冷凝器；3—节流装置；4—低压储液器；

5—蒸发器；6—液泵；7—三通阀；8—热管冷凝器

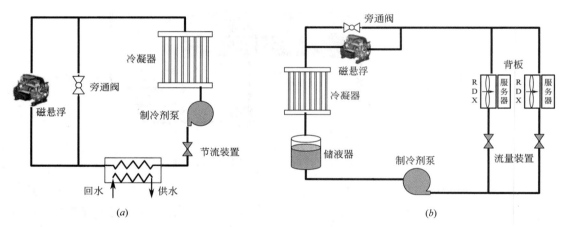

图 5.4-17 磁悬浮压缩机/液泵驱动的复合制冷系统

（a）冷水末端性；（b）冷媒末端性

式，故而只测试其中一个末端性能，并将整个主机＋冷水末端（包括一台主机以及 4 台冷水末端）的综合性能进行评价，在室外全工况下，当主机采用 12℃/17℃进水/出水温度时，由于主机在控制上采用了上述热管型最小温差控制技术，故而当室外 0℃时，机组可以通过液泵热管模式满负荷运行，制冷量也达到了 190kW，默认在室外 0℃时及更低温度时运行液相热管替代制冷模式。而在室外 25℃以内时，压缩机运行压缩比较低，机组已经运行在混合模式。当机组采用 15℃/20℃进水/出水温度时，机组在室外 5℃时即可运行液泵热管模式，制冷量也达到 175kW。将机组在室外全工况下数据绘制曲线如图 5.4-18所示。

通过图 5.4-18（a）的数据可以发现，由于随着室外温度的降低，数据中心负荷略有降低，而本次整机在全工况下制冷量都在 200kW 附近，基本满足了制冷量要求。其中 15℃/20℃进出水温工况下机组的性能整体优于 12℃/17℃进出水温工况，通过标准工况整

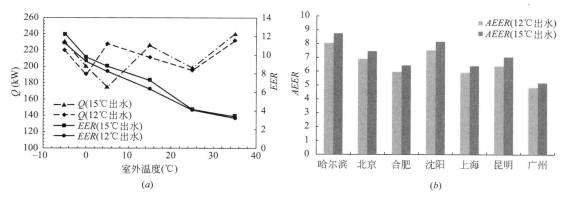

图 5.4-18　冷水末端型磁悬浮压缩机/液泵驱动热管复合型制冷系统性能

(a) 制冷量与 EER；(b) 不同城市 AEER

机 EER 显示，算上室外风机、水泵、室内风机、压缩机以及氟泵所有功率，整机 EER 只有 3.3 左右，与常规中小型变频列间级机房空调相比，节能大约 10%，效益并不是很明显。而随着室外温度降低，冷水机组与常规中小型机房空调能效拉开了差距，尤其室外温度低于 25℃ 以后，机组进入混合模式时，节能效益明显提升；当机组完全进入液相热管模式时，机组节能效益远远高于常规中小型机房空调，常规中小型机房空调在液相热管模式下，在室外 0℃ 时，其机组 EER 只有 6.2 左右，而在室外−5℃ 时，也只有 7.5 左右；而磁悬浮机组在室外 0℃ 时，其机组 EER 超过 9，而在室外−5℃ 时，超过了 11，液泵的节能特性被很好地发挥了。对于本次机组匹配的液泵来说，其满负荷功率只有 0.8～1kW，其液泵 COP 都超过了 200，甚至达到 300；而对于中小型机房空调由于单机机组制冷量一般小于 50kW，功率也达到 0.5～0.7kW 左右，液泵 COP 仅仅为 70～100，故而液泵性能被一定程度的限制。

　　图 5.4-18 (b) 给出了全国七个典型城市的 AEER。整机在北京地区采用 12℃/17℃ 进出水温时 AEER 达到 8.05，相较于常规机房空调而言，节能率大幅提升，而采用 15℃/20℃ 进出水温时 AEER 达到 8.74。在全国七个典型城市综合分析来看，热管型冷水空调系统节能效果显著，非常适用于大型数据中心冷却散热。上述系统如果采用水冷或蒸发冷，其能效会更进一步提升，因为风冷机组在标况下冷凝温度一般要 48℃ 左右，而水冷则只有 38℃ 左右，使得系统更趋近热管循环，拓宽了上述热管型空调制冷系统的运行温区，提高了整机能效。

　　根据图 5.4-17 (b) 设计的一台 60rt 的热管型风冷磁悬浮制冷剂机组样机以及热管背板末端，样机匹配了制冷剂泵（高压侧制冷剂泵），并在实验室进行性能实验，压缩机同样采用丹佛斯天磁 TT300 系列，制冷剂采用 R134a，测试蒸发温度在 15℃、18℃ 下的机组性能。

　　末端采用室内 37℃ 回风的热管背板末端进行 15℃、18℃ 蒸发温度性能实验，由于末端采用多联式，故而只测试其中一个末端性能，并将整个主机＋热管背板末端（包括一台主机以及 10 台热管背板末端）的综合性能进行评价，其中在室外全工况下，当主机采用 15℃ 蒸发温度时，由于主机在控制上采用了上述热管型最小温差控制技术，故而当室外 5℃ 时，机组可以通过液泵热管模式满负荷运行，制冷量也达到了 182kW，故而默认在室外 5℃及更低温度时，运行液相热管替代制冷模式，而在室外 25℃以内时，压缩机运行压缩比较低，机组已经运行在混合模式。当机组采用 18℃蒸发温度时，机组在室外 10℃时即可运行液泵热管模式，制冷量也达到 191kW。将机组在室外全工况下实验以及模拟数据绘制曲线如图 5.4-19 所示。

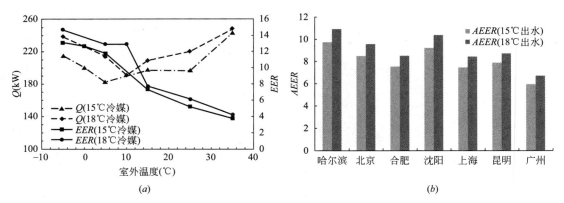

图 5.4-19　冷媒末端型磁悬浮压缩机/液泵驱动热管复合型制冷系统性能

(a) 制冷量与 EER；(b) 不同城市 AEER

通过图 5.4-19（a）可以发现，整机在全工况下制冷量都在 200kW 左右，基本满足了制冷量要求。其中 18℃蒸发温度工况下，机组的性能整体优于 15℃蒸发温度工况，通过标准工况下整机 EER 显示，算上室外风机、氟泵、室内风机以及压缩机所有功率，EER 超过 3.8，节能率超过 20％，而随着室外温度降低，节能效果显著，尤其室外温度低于 25℃以后，机组进入混合模式时，其节能效益大幅提升。在室外 10℃时，机组完全进入液相热管模式，其机组 EER 超过 12，而在室外－5℃时，机组 EER 超过 14，远远优于常规机房空调，将液泵驱动的液相热管系统高能效特性完全发挥出来。因为本次机组匹配的液泵满负荷功率只有 0.8～1kW，当磁悬浮压缩机作为气泵使用时，其 COP 最大也仅仅达到 20；而采用液泵运行时，其 COP 可以接近 300，远远高于气泵。

图 5.4-19（b）给出了全国七个典型城市的 AEER。整机在北京地区采用 15℃蒸发温度时 AEER 达到 8.47，相较于常规机房空调而言，节能率大幅提升，而采用 18℃蒸发温度时 AEER 达到 9.54，在全国七个典型城市综合分析来看，新热管型制冷剂空调系统节能效果显著，非常适用于大型数据中心冷却散热。上述系统如果采用水冷或蒸发冷，其能效会更进一步提升，因为风冷机组在标况下冷凝温度一般为 48℃左右，而水冷则只有 38℃左右，使得系统更趋近热管循环，拓宽了上述热管型空提制冷系统的运行温区，提高了整机能效。

5.4.4　气泵（压缩机）驱动回路热管冷却系统

图 5.4-20 所示的气泵（压缩机）驱动的回路热管，在室外温度高于室内温度时，可以运行于蒸气压缩制冷工况；随着室外温度的降低，可以调节压缩机的压缩比，使其满足小压缩比制冷运行的要求；而在室外温度低于室内温度时，可以运行于热管模式，压缩机只提供气体流动所需要的动力，实现高效自然冷却。

气泵热管型空调运行原理：系统可根据室外环境温度以及室内负荷需求分别切换运行

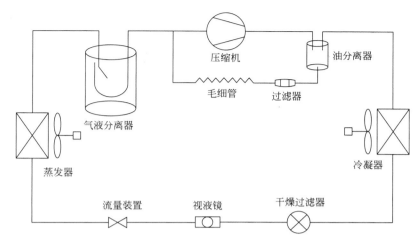

图 5.4-20　气相动力回路热管机房空调系统原理图

制冷模式、过渡模式以及热管模式。热管型制冷系统执行分区运行控制模式，将环温带分解为制冷区、过渡区和热管区。制冷区循环模式（$\Delta t \leqslant t_1$）：制冷系统工作，自蒸发器出来的气态制冷剂被压缩机吸入进行压缩、冷凝、节流进入末端蒸发器进行蒸发吸热，实现制冷，此时流量装置为节流装置；过渡区循环模式（$t_1 < \Delta t < t_2$）：根据室内负荷以及室外温度，调节压缩机运行转速、室外风机转速以及流量装置开度，最大化利用自然冷源，构造出具有节能效益的近似热管系统，实现按需制冷，此时流量装置进行适当节流降压，理论分析只要室内外具有温差，就可以利用温差运行热管模式，但从实际产品角度去分析，室内外换热器不可能无限大，故而实际产品在过渡模式时系统已经具备一定的自然温差；热管循环模式（$t_2 \leqslant \Delta t$）：流量装置完全打开，由蒸发器、压缩机、冷凝器以及流量装置构成一个最简单的气相动力型分离式热管系统，控制风冷换热器的换热能力和压缩机转速使冷量与热负荷相匹配。

5.4.4.1　变频转子压缩机（气泵）驱动热管复合型制冷系统

根据上述系统原理图设计一款 10kW 小型机房空调样机，样机采用变频转子压缩机，并对压缩机进行了技术优化，可实现低压缩比运行，其 MAP 图如图 5.4-21 所示，其中压缩机可在压缩比 $\varepsilon \geqslant 1.1$ 下安全运行，R410A 制冷剂，控制室内干球/湿球温度为 38℃/20.8℃，测试样机制冷性能与能效。

图 5.4-22 为热管型机房空调制冷量以及全工况下能效测试对比情况，热管型空调系统能够很好利用过渡季节与低温季节的自然冷源，当室外温度大于 25℃时，系统运行制冷模式，完成机房散热。

当室外温度低于 25℃时，利用补偿温差换热原理，通过室外自然冷源构造出具有节能效益的近似热管系统，协调控制压缩机运行频率、风机转速以及膨胀阀开度，在制冷量达到额定设计指标前提下，系统能效比提高 5%～30%，表明通过该控制方法系统能够很好的完成制冷过程，最大化利用自然冷源，实现系统节能运行。当室外温度低于 5℃时，通过压缩机、油分离器、冷凝器、流量装置、蒸发器及气液分离器构成一个最简单的气相动力型分离式热管系统；随着室外环境温度降低，热管系统制冷量呈稳定增长趋势，且近似呈线性变化关系；这是因为此时压缩机运行频率低，整个系统压力损失小，大约 1.5～

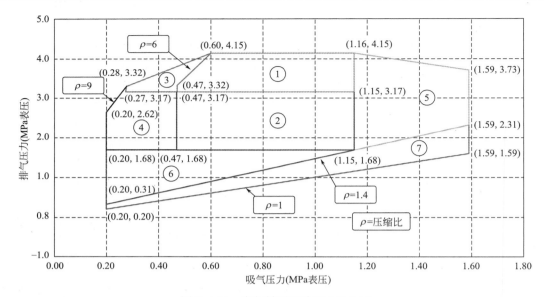

图 5.4-21　变频转子压缩机 MAP 图

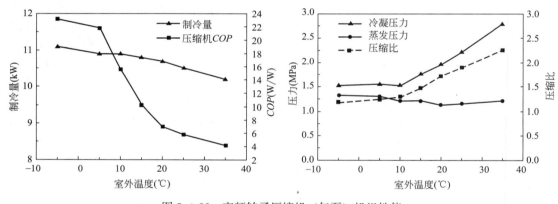

图 5.4-22　变频转子压缩机（气泵）机组性能

2.0bar，仅克服管路及换热器阻力，故系统能效高，可完全替代常规压缩制冷系统，实现数据中心低能耗冷却。

　　机组的能效比 *EER* 和全年能效比 *AEER* 与常规机房空调相比，如图 5.4-23 和图 5.4-24 所示。通过整机能效 *EER* 以及压缩机单体 *COP* 分析可知，在标况下，整机能效 *EER* 为 2.9，压缩机单体 *COP* 大约为 3.7，随着室外温度降低，能效 *EER* 与压缩机单体 *COP* 均大幅提升，在室外 5～−5℃时，压缩机单体 *COP* 超过 20，说明变频转子压缩机作为气泵使用具有很高的节能效益。

　　以北京地区为例，常规定速风冷直膨式机房空调 *AEER* 为 4.0，而热管型机房空调 *AEER* 为 5.8，全年能效比 *AEER* 提高 40％以上，纵然在广州地区，机组节能率也达到 19.4％。尤其的，该机组在部件配置上与常规机房空调基本相同，故而具有显著的成本优势，同时相较于液相热管空调系统，不含制冷剂泵、板式换热器等部件。热管型空调系统部件少，整体故障率降低，即系统越简单，可靠性越高。

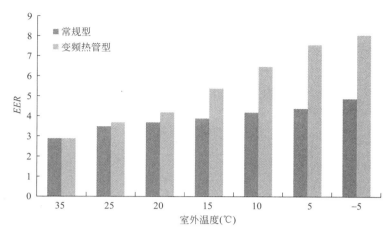

图 5.4-23 变频转子压缩机热管型系统 *EER*

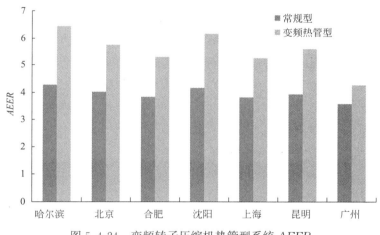

图 5.4-24 变频转子压缩机热管型系统 *AEER*

5.4.4.2 变频涡旋压缩机（气泵）驱动热管复合型制冷系统

根据图 5-56 设计的一款 25kW 变频列间热管型机房空调，R410A 制冷剂，将现有变频涡旋压缩机进行技术升级，压缩机采用油泵供油，纵然在 15Hz 转速下，压缩机也可以正常回油；压缩机可在压缩比 ε≥1.15 下安全运行，其运行 MAP 图如图 5.4-25 所示，控制蒸发温度（15±1）℃，由于系统本身阻力接近 2bar，故而最低冷凝温度（19±1）℃，系统最低压缩比接近 1.2，在压缩机安全范围内。

图 5.4-26 给出了该机组不同室外温度下的运行性能。当室外温度大于 0℃时，机组制冷量满足设计需求。特别的，在室外温度低于 0℃后，实际机房负荷会有所降低，故而本次控制系统制冷量满足 80% 额定制冷量为目标，通过室外全工况机组制冷量显示，机组性能达到设计需求。当室外温度低于 25℃以后，机组即可采用上述补偿温差换热原理实现节能运行，此时机组 *EER* 达到 4.85，较常规机房空调已经有 5%～10% 的节能效果；当室外温度低于 10℃以后，机组逐渐进入气相热管模式，此时冷凝温度接近 22℃，*EER* 达到 7.28，与常规空调 *EER* 相比提高 45%；当室外温度低于 5℃以后，蒸发温度为 14.2℃，

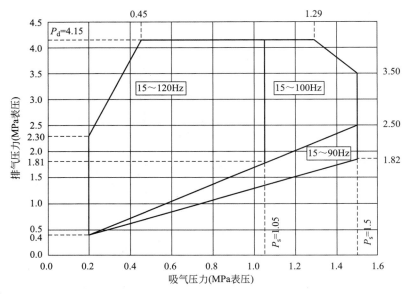

图 5.4-25 变频涡旋压缩机 MAP 图

冷凝温度为 18.6℃，*EER* 高达 8.31，随着室外温度继续降低，自然温差非常大，需要通过控制系统实现机组在压缩比 ε≥1.15 下运行，保证机组安全稳定运行。通过数据分析表明，利用热管温差换热原理，通过补偿最小温差实现机组最低能耗运行具有很好的节能效益，机组可以最大化利用室外自然冷源。

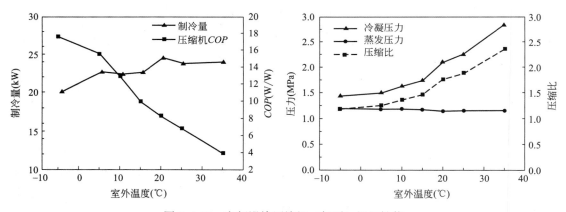

图 5.4-26 变频涡旋压缩机（气泵）机组性能

图 5.4-27 给出了 7 个典型城市的全年能效比 *AEER*。以北京地区为例，常规风冷直膨式机房空调 *AEER* 为 4.4，而热管型机房空调 *AEER* 为 6.7，全年能效比 *AEER* 提高 50% 以上，纵然在广州地区，机组节能率也达到 31%。尤其的，该机组在部件配置上与常规机房空调基本相同，未增加成本，故而具有显著的成本优势，相较于液相热管空调系统，不含制冷剂泵、板式换热器、阀门等部件，部件少，整体故障率降低，即系统越简单可靠性越高。

通过曲线中压缩机 *COP*（不考虑内、外风机功率）可以看出，标况下压缩机 *COP* 为

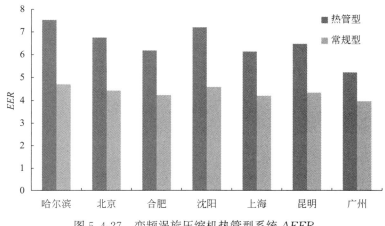

图 5.4-27　变频涡旋压缩机热管型系统 *AEER*

4.22，而随着冷凝压力降低，*COP* 逐渐提高，当压缩机运行在气相热管模式下时，即当压缩机作为气泵使用过程中，压缩机 *COP* 大约为 15～17，与常规机房空调压缩机 *COP* 相比，有很大的提高，但与液态制冷剂泵相比仍存在一定差距，液泵在单台 25kW 制冷量机组中，*COP* 可以达到 50～60，甚至达到 100，这是因为液泵驱动的为液态制冷剂，而压缩机驱动的为气态制冷剂，两者在同等蒸发温度下密度相差接近 20 倍，故而要做到与液泵同等排量时，压缩机气缸需要做的非常大，这显然是非常困难的，并且压缩机在很低压缩比下存在泄漏以及偏离最佳运行点的情况。

但从整机能效 *EER*、成本以及可靠性来看，中小型机房空调可以优先运用气相热管技术，因为在低温工况下，限制机组能效比 *EER* 的因素占比中，压缩机能耗占比已经很低，如在 25kW 机房空调中，当室外温度低于 10℃ 时，压缩机功率已经很低（$P \leqslant$ 1.7kW），而在室外温度 0℃ 时，压缩机功率为 1.1kW，而此时内风机、外风机功率总和也达到 1.3kW，纵然压缩机 *COP* 再高也被内、外风机所限制，即整机 *EER* 受到限制，此时即使采用很高 *COP* 的液泵，机组 *EER* 提高率也有限，如 25kW 机组中采用液泵，功率接近 0.3～0.5kW，整机 *EER* 提高率有限。并且通过成本方面分析，当压缩机本身具备低压缩比运行时，机组整机成本几乎未增加；而另外配备一台液泵时，液泵成本高，在整机成本占比非常大，对于中小型机房空调整机成本而言，如一台 25kW 机房空调，一台液泵成本在整机成本的占比达到 15％～30％，另外还需增加阀门、储液器等部件，更增加成本。从可靠性来看，部件的增加导致整机故障率提高，因为系统应当越简单越可靠，故而综合成本、能效、可靠性等多方面考虑，在此类中小型机房空调中，优先运用气相热管技术以及采用气相热管和制冷一体技术，并运用上述热管温差换热原理，实现空调系统在全工况下节能运行，具有很好的效益。另外可以考虑加大在变频转子、涡旋压缩机领域关于低压缩比、高能效技术提升，甚至采用多缸弥补排量不足，提高整机能效以及技术优越性。

通过上述分析，对于一些中小型基站、机房、数据中心，利用上述热管空调原理，将气泵（气体增压泵，压缩比 1.0≤ε≤1.3）与压缩机（1.3≤ε≤8.0）合二为一，当空调系统在冬季以及春、秋过渡季节工况时，在满足制冷量前提下尽量控制较低的冷凝压力，使得系统冷凝/蒸发压差较小，既能实现充分利用自然冷源，又可以实现空调冷源系统成本控制，在具备足够温差时采用气相热管循环替代常规制冷循环，降低系统能耗损失，提高系统的能效，从而实现制冷系统全工况效率和空调器季节能效水平的提升，实现数据机房、基站区域化高效制冷。

5.4.5 小结

回路热管作为高效传热技术在中小型数据中心中得到比较广泛的应用，具有良好的节能效益。主要进展如下：

（1）制冷压缩机 COP 以及三类分离式热管动力装置 COP 中，重力型分离式热管 COP 最高，液泵次之，气泵最后（对于采用水泵构成的冷水或水溶液型自然冷却系统中，由于系统不是相变冷却，水泵功率一般高于制冷剂泵，其 COP 介于液泵与气泵之间），而制冷系统压缩机最高 COP 工况就是系统运行在气相热管模式。若需要提高制冷系统能效，可以通过加大冷凝器或蒸发冷却等手段使得制冷系统逐渐逼近气相热管循环。

（2）重力型分离式热管性能最佳，唯一缺陷就是安装位置限制以及多联末端能量调节不足；液相动力型分离式热管以及气相动力型分离式热管，可以克服安装位置限制，改善了工质在系统内部的分布，优化了换热效率；其中液相动力热管增压作用在蒸发侧，提高了蒸发压力，减小了换热温差，弱化了理想热管，无法突破温差界限；气相动力热管增压作用在冷凝侧，增加了冷凝温差，性能比液相动力热管更为优越，并且可以突破温差限制，使得循环逐渐演变成制冷循环，故而突破运用环境，使得系统更为简洁，成本更为低廉。

（3）液泵在中小型机房空调成本占比高，高 COP 性能被一定程度限制，适宜性较差，机组推广难度大，而采用气泵与压缩机一体型变转速压缩机适用性更佳。在大型数据中心如磁/气悬浮离心机领域，制冷剂泵在整个离心机组成本占比很小，同时离心机冷量大，制冷剂泵高 COP 的特性被更好的发挥，推广容易。

（4）通过以上变频转子、变频涡旋以及磁悬浮压缩机采用热管温差换热原理以及补偿温差最小能耗原理的运用，结果显示，该技术具有很好节能效益，现有的变频转子压缩机、涡旋压缩机低压缩比已经基本可以满足产品需求。

但由于压缩机技术的不足，此类空调压缩机、节流装置等方面仍需进一步的提升，并且需要根据气相热管、液相热管各自优势去匹配运用，主要发展趋势如下：

（1）转子、涡旋压缩机压缩比需要实现 $1.0 \sim 8.0$ 无限可调，并且具备良好的可靠性以及较高的效率，压缩机本体回油、制冷系统回油无碍；

（2）现有转子、涡旋压缩机排量小，故而压缩机可具备两个或者多个气缸，在制冷工况时单缸或小缸运行，热管模式时低频双缸运行，低转速，低功率，大流量，提高 COP；

（3）电子膨胀阀最好本身具备宽幅调节流量功能，既能节流降压，也具备液管管径相当流量；

（4）大型数据中心用磁悬浮、气悬浮离心机领域，离心压缩机为速度型压缩机，排量很大，可直接运行气相热管模式（压缩比 $\varepsilon \geqslant 1.0$），但同样存在最佳 COP 点，尤其在低压缩比工况运行时，若通过调节压缩机转速实现能量调控，则会偏离最佳 COP 点，故而需要进一步优化压缩机，避免性能大幅衰减。

（5）现有磁悬浮、气悬浮离心压缩机作为气泵使用，其 COP 较难超过 30，节能性明显低于液泵，并且磁悬浮压缩机在低压缩比运行时，存在长配管、高落差、大扬程工况下压头不足现象以及多末端分液不均问题，需要液泵进行压头补偿，提高压缩机电机冷却效率。

（6）中小型机房空调内、外机联动控制，可以很好地与数据中心负荷匹配；而大型数据中心用主机＋冷水/制冷剂型末端系统为分开控制，未能完全发挥整套系统的节能效率，需要通过技术升级实现整机联动控制，实现整机制冷输出与数据中心负荷完美匹配，提高效率，尤其是既能研发主机又能研发末端的企业，更应当注重此方面的研究，为数据中心提供高效节能精确的全年冷却方案。

（7）蒸发冷却的使用拓宽了空调系统的自然冷却模式的运行范围，冷凝侧蒸发冷却使得制冷系统循环更加逼近热管循环，大幅提高效率，机组在各个地区基本都运行在混合模式以及自然冷却模式下，机组能效非常高，适用于大型数据中心全年高效制冷。

5.5　总结展望

数据中心能耗问题日益受到关注，作为能耗最大的辅助系统，冷却系统是提效降耗的关键。数据中心高效制冷技术、基于热管和蒸发冷却的自然冷却技术都得到了快速的发展。在保证数据中心安全高效运行的同时，数据中心的能源利用效率也得到了明显的改善。

随着 IT 设备自身性能的提高，以及针对电子设备高热流密度散热技术（如液冷技术）的快速发展，数据中心对冷却系统提供的冷源温度的要求将进一步提升，一方面可以进一步提高制冷系统的运行效率；另一方面可以大幅度提高自然冷却时间在全年运行时间的比例，甚至实现"去冷机化"，从而大幅度降低数据中心冷源系统的能耗。

本 章 参 考 文 献

[1]　黄翔.蒸发冷却空调原理与设备[M].北京：中国建筑工业出版社，2019.

[2]　折建利，黄翔，刘凯磊，等.自然冷却技术在数据中心的应用[J].制冷，2017，36（01）：60-65.

[3]　李婷婷，黄翔，折建利，等.东北某数据中心机房空调系统节能改造分析[J].西安工程大学学报，2017，31（03）：364-368.

[4]　周海东.通信机房（基站）用蒸发冷却空调的应用研究[D].西安：西安工程大学，2013.

[5]　黄翔.蒸发冷却空调理论与应用[M].北京：中国建筑工业出版社，2010.

[6]　宋姣姣.交叉式露点间接蒸发冷却空调机组在通信机房/基站中的应用研究[D].西安：西安工程大学，2015.

[7]　耿志超.干燥地区数据中心间接蒸发自然冷却空调系统的应用研究[D].西安：西安工程大学，2018.

[8]　肖新文.间接蒸发冷却空调机组应用于数据中心的节能分析[J].暖通空调，2019，49（03）：67-71.

[9]　折建利.冷却塔供冷系统在数据中心的应用研究[D].西安：西安工程大学，2017.

[10]　郭志成，黄翔，耿志超，等.单双面进风蒸发冷却冷水机组在数据中心的应用对比分析[J].西安工程大学学报，2018，32（03）：296-301.

[11]　孙铁柱.蒸发冷却与机械制冷复合高温冷水机组的研究[D].西安：西安工程大学，2012.

[12]　孙国林，夏春华，王培，等.张北某数据中心空调系统设计[J].暖通空调，2019，49（04）：92-95＋127.

[13]　吴冬青，吴学渊.间接蒸发冷凝技术在北疆某数据中心的应用[J].暖通空调，2019，49（08）：72-76.

[14]　王飞，王铁军.动力型分离式热管在机房空调中研究与应用[J].低温与超导，2014，11（42）：68-71.

[15]　王飞.30kW 动力型分离式热管设计与实验[D].合肥：合肥工业大学，2014.

[16] 王铁军，王飞.动力型分离式热管设计与试验研究[J].制冷与空调，2014，14（12）：41-43.

[17] 王飞，黄德勇，史作君，等.两种动力型分离式热管系统的试验研究[J].制冷与空调，2017，17（10）：53-57.

[18] 王君，石文星，史作君，等.一种复合型机房空调系统及其控制方法：201610425330.4[P].

[19] 王飞，王君，史作君，等.热管复合型机房空调研究与试验[J].制冷与空调，2017，17（12）：37-41.

[20] 王飞.液相热管型与气相热管型机房空调系统分析[J].制冷与空调，2018，11（18）：28-32.

[21] 金鑫，翟晓华，祁照岗，等.分离式热管型机房空调性能实验研究[J].暖通空调，2011，41（9）：133-136.

[22] 陈光明.一种风冷式热管型机房空调系统：中国，CN201010528027.X[P].2013-3-13.

[23] 吴银龙，张华，王子龙，等.分离式热管蒸气压缩复合式空调的实验研究[J].低温与超导，2014，42（1）：90-94.

[24] Okazaki T，Seshimo Y. Cooling system using natural circulation for air conditioning[J]. Trans JSRAE，2008，25（3）：239-251.

[25] Okazaki T，Sumida Y，Matsushita A. Development of vaper compression refrigeration cycle with a natural circulation loop[C] Proceedings of the 5th ASME /JSME Thermal Engineering Joint Conference. 1999.

[26] Lee S，Song J，Kim Y，et al. Experimental study on a novel hybrid cooler for the cooling of telecommunication equipment[C] //International Refrigeration and Air Conditioning Conference at Purdue. 2006.

[27] Lee S，Song J，Kim Y. Performance optimization of a hybrid cooler combining vapor compression and natural circulation cycles[J]. International Journal of Refrigeration，2009，32（5）：800-808.

[28] 石文星，韩林俊，王宝龙.热管/蒸发压缩复合空调原理及其在高发热量空间的应用效果分析[J].制冷与空调，2011，11（1）：30-36.

[29] 张海南，邵双全，田长青.机械制冷/回路热管一体式机房空调系统研究[J].制冷学报，2015，36（3）：29-33.

[30] Zhang H N，Shao S Q，Xu H B，et al. Numerical investigation on fin-tube three-fluid heat exchanger for hybrid source HVAC&R systems[J]. Applied Thermal Engineering，2016，95，157-164.

[31] Zhang H N，Shao S Q，Xu H B，et al. Numerical investigation on integrated system of mechanical refrigeration and thermosiphon for free cooling of data centers[J]. International Journal of Refrigeration，2015，60：9-18.

[32] 王铁军，王冠英，王蒙，等.高性能计算机用热管复合制冷系统设计研究[J].低温与超导，2013，41（8）：63-66.

[33] 白凯洋，马国远，周峰，等.全年用泵驱动回路热管及机械制冷复合冷却系统的性能特性[J].暖通空调，2016，46（9）：109-115.

[34] 石文星，王飞，张国辉，等.一种热管复合型空调系统：201620233759.9[P].2016-08-10.

[35] 石文星，王飞，黄德勇，等.气体增压型复合空调机组研发及全年运行能效分析[J].制冷与空调，2017，17（2）：11-16.

[36] 王飞，王君，史作君，等.热管型机房空调设计与分析[J].制冷与空调，2018，18（5）：5-8.

[37] 王飞.一种变频热管复合型机房空调系统及其控制：201810040089.2[P].2018-5-29.

[38] 王飞.一种变频热管复合型机房空调系统：201820069139.5[P].2018-9-11.

[39] 国德防，石文星，张捷，等.三模式复合冷水机组及其控制方法：201510350859.X[P].2015-11-11.

[40] 王君，石文星，史作君.一种多联式机房空调系统：201621023754.X[P].2017-9-8.

[41] 王飞.一种多模式机房空调系统的控制方法：201810093978.5[P].2018-7-13.

[42] 王飞.一种带自然冷却型空调系统及控制方法 201910498291.4[P].2019-8-23.

[43] 王飞.一种数据中心用复合型空调系统及控制方法 201910497418.0[P].2019-8-30.

第6章　数据中心冷却系统调试与故障分析

在数据中心的运行过程中，冷却系统首先要保证数据中心机房的温度满足服务器设备正常工作的需求，在此基础上尽可能地降低能耗。因此，在冷却系统的开机和运行过程中，有必要对其进行系统调试和运行维护，以使其达到设计的制冷和能效要求。本章从调试、故障分析和运行维护三个方面展开。其中调试部分对数据中心冷却系统中常见的传热过程的调试准则进行了介绍，分析了系统运行模式切换中的问题和调试要点，并对假负载测试的方法和内容进行了描述。故障分析部分对数据中心冷却系统主要设备可能的故障类型和故障原因进行了归纳和总结。最后对数据中心冷却系统运行和维护管理内容进行了介绍。

6.1　冷却系统调试

数据中心的冷却系统按冷源分类大致可以分为风冷系统和水冷系统，其区别在于风冷系统直接利用室外冷风作为冷源，利用的冷源温度为室外干球温度；水冷系统则一般先由冷却塔制备冷却水，利用的冷源温度为室外湿球温度。无论风冷系统还是水冷系统，都可以实现对自然冷源的利用，一般采用换热器与冷机串联或并联的方式实现对室外自然冷源的间接利用，系统可运行在完全自然冷却、部分自然冷却和完全机械制冷模式下，对冷却系统的调试即是对每种运行模式的运行参数以及各模式直接的切换进行调试。

6.1.1　调试的目的

数据中心冷却系统在首次开机和正常运行过程中均需要进行调试，其中首次开机进行的调试一般称为开机调试。开机调试的目的是为了检验经过施工和安装后，设备和系统是否满足设计要求。为了验证系统的运行稳定性，一般冷却系统开机调试会持续几天以上。在此过程中，还会进行部分极端工况的试运行，以验证系统在出现故障时还能满足机房的运行要求，为维护人员争取足够的时间。

而运行调试是在数据中心已经正常运行后所进行的调试，此时的调试主要是为了调节设备和系统的运行参数，使其在满足机房运行需求的前提下，达到节能的目的。数据中心的负载率往往是随着时间不断增加的，而冷却系统往往是按极限负载进行设计的。因此，当数据中心负载率不满或负载率发生变化时，就需要对冷却系统进行适当地调试，改变其运行参数，使其适应负载的变化。

6.1.2　风冷系统调试

从能效优化的角度出发，对风冷系统进行调试主要是对不同室外环境温度和负载率情况下的系统运行模式和参数进行调节，以一个带自然冷却的风冷系统的模式切换规律为例，分析室外环境温度和负载率对模式切换的影响。该风冷系统可以运行在完全自然冷却模式、部分自然冷却模式和完全机械制冷模式，以系统能耗最低为优化目标，经过智能算法寻优，得到系统运行模式切换规律，如图 6.1-1 所示。

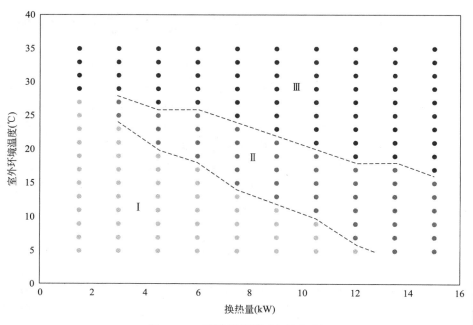

图 6.1-1　系统运行模式切换机制

在浅色圆点所在的 I 区范围内，制冷机组不启动，系统处于完全自然冷却模式。在次浅色圆点所在的 II 区范围内，制冷机组启动，系统处于部分自然冷却模式。在深色圆点所在的 III 区范围内，系统处于完全机械制冷模式。由计算结果可以看出，该系统能效最优的运行模式同时受室外环境温度和负载率的影响。在某一负载率下，随着室外环境温度的升高，系统从完全自然冷却模式向部分自然冷却模式和完全机械制冷模式转变，且随着负载率的升高，系统进入部分自然冷却模式和完全机械制冷模式对应的环境温度逐渐下降。因此，如果以能效最优为目的进行系统调试，无论风冷系统还是水冷系统，除了考虑室外环境温度外，都还应考虑机房负载率，以对模式切换的温度设定值进行调整。接下来对各运行模式下的调试准则进行分析。

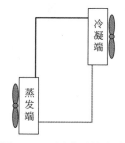

图 6.1-2　风冷系统完全自然冷却模式示意图

6.1.2.1　完全自然冷却模式调试

数据中心风冷系统在完全自然冷却模式下冷机不工作，系统退化为一个分离式热管换热过程，如图 6.1-2 所示，室内末端蒸发器吸收机房服务器散发的热量，室外冷凝器将热量排放至大气环境中。

根据本章参考文献 [1] 的思路，建立完全自然冷却模式下的传热物理模型，以系统整体运行功耗最小为优化目标，可以推导出式（6-1）。

$$\frac{W_C}{\Delta T_C} = \frac{W_H}{\Delta T_H} \tag{6-1}$$

式中：T 代表空气温度；W 代表泵功率；下标 H、C 分别表示蒸发器侧和冷凝器侧。则式（6-1）表示当冷凝器侧风机功耗与空气温差之比与蒸发器侧风机功耗与空气温差之比相等时，系统总能耗最低。由式（6-1）可以定义一个协同运行因子，如式（6-2）所示：

$$\gamma = \frac{\Delta T_C W_H}{\Delta T_H W_C} \qquad (6\text{-}2)$$

协同运行因子越接近 1，系统运行能效越高，当协同运行因子等于 1 时，系统运行能效最高。故式（6-2）可以作为完全自然冷却模式下的调试准则。

下面通过一个实际案例来说明协同运行因子在系统运行调试中的使用。表 6.1-1 为一个分离式热管实测数据，该测试在焓差实验室中进行，蒸发端置于焓差实验室的室内环境模拟侧，冷凝端置于焓差实验室的室外环境模拟侧。测试时，室内环境模拟侧设定温度维持在 32℃，以模拟机房服务器排风温度，室外环境模拟侧设定温度维持在 5℃。

分离式热管实测数据　　　　　　　　　　　表 6.1-1

工况	换热量（W）	ΔT_H（℃）	ΔT_C（℃）	系统能耗（W）	协同运行因子
1	10186	17.0	5.7	313.0	0.09
2	10230	13.6	9.4	202.4	0.54
3	10320	13.3	9.6	205.1	0.60
4	10342	12.7	10.1	205.6	0.75
5	9995	11.9	11.2	199.7	1.03
6	9865	11.0	12.1	202.1	1.51
7	10026	10.5	12.4	215.6	1.83
8	10185	9.5	13.1	245.8	2.74
9	4986	6.0	19.7	153.1	7.00
10	4955	6.9	18.9	132.0	4.59
11	5205	8.7	17.4	117.0	2.55
12	5096	10.7	15.7	105.0	1.46
13	5112	12.2	14.3	101.3	1.01
14	4965	13.0	13.6	98.8	0.84
15	5106	14.2	12.4	99.5	0.64
16	5023	21.0	5.3	131.3	0.09

根据表 6.1-1 中的数据分析可知，工况 1～工况 8 系统换热量基本处于 10kW 左右，能耗最低出现在工况 5，此时协同运行因子为 1.03，最为接近 1。工况 2～工况 6 系统功耗差距并不大，协同运行因子处于 0.54～1.51 之间。工况 9～工况 16 系统换热量基本处于 5kW 左右，能耗最低出现在工况 14，此时协同运行因子为 0.84，与工况 13 相比，协同运行因子接近 1 的程度稍差，但能耗更低，这是由于工况 13 与工况 14 换热量不同且存在测量误差造成。工况 12～工况 15 系统功耗差距不大，协同运行因子处于 0.64～1.46 之

间。因此在实际调试过程中，可以将协同运行因子的调试范围放宽到 0.5～1.5，由于协同运行因子与泵或风机的能耗直接相关，受泵或风机性能影响较大，针对实际系统调试时，还应考虑现场情况，确定调试过程中的协同运行因子范围。由两组换热量不同的数据可以看出，随着换热量的变化，最优工况下流体温差也存在差异，因此单纯考虑温差进行调节控制难以达到能效最优，还需考虑系统负荷的变化。

6.1.2.2　完全机械制冷模式调试

数据中心风冷系统在完全机械制冷模式下即为一个蒸气压缩循环换热系统，由蒸发器、压缩机、膨胀阀和冷凝器等设备组成，其运行示意图如图 6.1-3 所示。

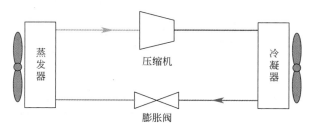

图 6.1-3　完全机械制冷模式换热示意图

根据本章参考文献 [1] 的思路，建立完全机械制冷模式下的传热物理模型，以系统整体运行功耗最小为优化目标可以推导出式（6-3）。

$$\frac{W_\mathrm{C}}{\Delta T_\mathrm{C}} = \varepsilon \frac{W_\mathrm{H}}{\Delta T_\mathrm{H}} \tag{6-3}$$

其中

$$\varepsilon = \frac{COP + \dfrac{b}{a\eta}}{COP + \dfrac{1}{\eta}} \tag{6-4}$$

式中：T 代表温度；W 代表风机功耗；下标 H、C 分别表示蒸发器侧和冷凝器侧；COP 是压缩机的能效比；η 为压缩机的性能系数；a、b 分别为所用制冷剂在饱和气液相线上的焓值；ε 表示为温度的一次函数时的一次项系数。则式（6-4）表示当冷凝器侧空气温差与风机功耗之比与蒸发器侧空气温差与风机功耗之比乘以一个系数相等时，系统总能耗最低。由式（6-4）可以定义一个协同运行因子，如式（6-5）所示：

$$\gamma = \varepsilon \frac{\Delta T_\mathrm{C} W_\mathrm{H}}{\Delta T_\mathrm{H} W_\mathrm{C}} \tag{6-5}$$

协同运行因子越接近 1，系统运行能效越高，当协同运行因子等于 1 时，系统运行能效最高。故式（6-5）可以作为完全机械制冷模式下的调试准则。

下面通过一个实际案例来说明协同运行因子在实际系统运行调试中的使用。表 6.1-2 为一个蒸气压缩循环系统实测数据，该测试在焓差实验室中进行，蒸发器置于焓差实验室的室内环境模拟侧，其余设备置于焓差实验室的室外环境模拟侧，工质为 R22。测试时，室内环境模拟侧设定温度维持在 32℃，以模拟机房服务器排风温度，室外环境模拟侧设定温度维持在 35℃。

蒸气压缩循环系统实测数据 表 6.1-2

工况	换热量（W）	$\Delta T_{\rm H}$（℃）	$\Delta T_{\rm C}$（℃）	系统能耗（W）	协同运行因子
1	9865	24.6	4.6	4609.0	0.01
2	10007	8.6	3.8	3071.0	0.12
3	9962	8.6	3.7	2815.2	0.15
4	10068	8.7	5.7	2508.2	0.58
5	10196	8.8	7.4	2428.9	1.15
6	10106	8.7	9.1	2511.7	1.98
7	10115	8.7	13.4	2624.1	4.28

　　根据表 6.1-2 中的数据可知，系统换热量约为 10kW 左右，能耗最低出现在工况 5，此时协同运行因子为 1.15，最为接近 1。工况 4～工况 6 系统能耗差距不大，协同运行因子处于 0.58～1.98，因此，在实际应用中可以将协同运行因子的调节范围放宽到 0.5～2.0。由于协同运行因子与压缩机和风机的能耗直接相关，受压缩机和风机性能影响较大，针对实际系统调试时，还应考虑现场情况，确定调试过程中的协同运行因子范围。

6.1.2.3　部分自然冷却模式调试

　　数据中心风冷系统处于部分自然冷却模式时是一个复杂的串并联换热网络，直接建立物理传热模型进行能效最优分析无法得到简单参数关系式，不便用于实际工程调试。目前，数据中心中对于部分自然冷却模式的调试大多以局部调试方法为主，以局部温度或压力为监测点，通过反馈调节的方式使其维持在设备允许的范围内，以保证系统正常运行。

　　针对自然冷却模式下系统的能效优化调试，目前研究的热点主要集中在人工智能优化技术上，通过大数据分析，进行机器学习建模和强化学习优化分析，从而实现对复杂冷却系统的能效优化。

6.1.3　水冷系统调试

　　数据中心最常见的带自然冷却的水冷系统主要由冷却塔、制冷机组、板式换热器、冷却水泵和冷水泵等组成，与风冷系统一样，也可以实现完全自然冷却、部分自然冷却和完全机械制冷。其调试的方法与风冷系统类似，在风冷系统中依靠风机驱动流体换热，而在水冷系统中则依靠水泵驱动流体换热，其本质并无差异，不同的是水冷系统增加了关于冷却塔的调试。

　　在数据中心水冷系统中，当机械制冷和自然冷却共用冷却塔作为冷源时，在部分自然冷却模式下，当室外环境温度低于某个阈值时，不论自然冷却与机械制冷是串联还是并联换热，都需要注意冷却水进入制冷机组的温度，使其处于制冷机组运行要求的参数范围内。这是由于当进入制冷机组的冷却水温度过低时，会导致冷凝压力下降，对制冷机组的运行产生不利影响。可采取的解决办法是，在制冷机组的冷却水侧增加旁通管道，改变进入制冷机组的冷却水流量，从而调节制冷机组的冷凝压力，保证制冷机组的正常运行。

　　目前的数据中心水冷系统模式切换大多根据预先设定的温度值，与室外湿球温度进行比较，从而判断系统是否部分或完全开启自然冷却模式，某数据中心的水冷系统模式切换逻辑如下所示。

（1）部分自然冷却模式切换

当室外湿球温度达到 9℃（可调）以下，并维持 20min（可调），系统发出部分自然冷却模式的命令。

制冷单元控制器将开始按顺序要求启动换热器，首先控制器将设定冷却水供水温度设定点为 10℃（可调），该温度由冷却塔风机台数控制，然后当冷却水温度降低至设定温度时，打开板换的电动阀门。冷凝器进口的水阀由制冷机控制盘提供的冷凝器压力调节，使制冷机保持允许的冷凝压力。

（2）全部自然冷却模式切换

当室外湿球温度达到 4℃（可调）以下，并维持 20min（可调），同时冷却水出水温度达到 10℃，制冷系统进入完全自然冷却模式运行。

当冷却水出水温度达到 5℃（可调），冷却塔配带的电加热器自动启动，维持冷却水出水温度不低于 5℃。

当冷却系统从部分自然冷却模式过渡到全部自然冷却模式，制冷机将不再供冷。

如果所有冷却塔风机全部运行持续 20min，换热器冷水供水温度始终高于设定点 1℃（可调）并持续 10min，全部自然冷却模式将被终止。系统将通知制冷机管理器解除全部自然冷却模式进入部分自然冷却模式。

6.1.4 假负载测试

6.1.4.1 测试目的

数据中心是一种大型基础设施，在运行中会出现各种问题和故障。为了提高数据中心运行时的安全可靠性，在投入运行前，应进行全面的检查，这需要对系统进行一些测试。但是，数据中心在进行投产前并没有负载，而对于数据中心的一些问题，在空载运行状态下暴露不出来，即不能测试出系统的可靠性和安全性。因此，采用假负载来模拟工作状态进行验证测试，是一个合理且理想的测试选择。在测试中，安装一定的假负载设备并上电运行，模拟机房内 IT 设备实际运行、发热的情况，这样就可以测试所有的配套设备的运行状态。根据设备的运行状态参数可初步确认各系统是否正常工作，由此对出现的问题提前进行排查，具有一定的准确性和实用性，使得后续运营中的故障风险大大降低。同时，通过分析测试得到的数据结果，可以评估系统是否达到了安全性、可靠性、节能性等预期的基本要求，查出问题预先一步进行整改，测试通过后再投入正式运行。因此，在数据中心正式投运前，假负载测试是保障整体系统安全可靠性的一个十分关键的环节。

6.1.4.2 假负载温度测试

（1）对于 IT 设备的进风温度和排风温度，假负载测试的步骤如下：

1）保证机房内空调设备安装完成，供配电系统安装完成并已加电进行空载试运行测试，机柜及控制器单机调试完成；

2）保证冷水系统管道已完成保压、保温及冲洗，保证冷媒管道已完成打压、保压和保温，保证冷水循环满足测试要求，供水温度达到规定范围；

3）假负载安装完成，并具备上电条件；

4）开启假负载；

5）记录 IT 设备的进风温度和排风温度；

6）记录一定时间后，测试结束，从环境监控系统中提取温度记录曲线，从电力监控系统中提取假负载配电柜的用电量以及空调末端的用电量。

（2）对于假负载测试温度，应该注意的事项有：

1）不同的末端冷却系统对应不同的温度测试点，但测试核心均为 IT 设备的进风温度和排风温度。例如，对于房间级和列间级末端冷却系统，假负载测试的温度为冷通道温度和热通道温度，分别作为 IT 设备的进风温度和排风温度。再如，对于热管背板型末端冷却系统，假负载测试的温度为机柜的进风温度和热管背板回风温度，分别作为 IT 设备的进风温度和排风温度。以一个热管列间级空调为例，典型温度测点选取如图 6.1-4 所示。以一个热管背板空调为例，典型温度测点选取如图 6.1-5 所示，其中椭圆位置为典型温度测点。

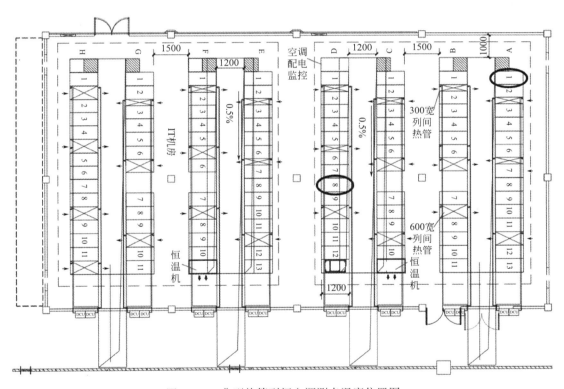

图 6.1-4　典型热管列间空调测点温度位置图

2）在假负载开启后，机房内的温度在达到稳定半小时之后，即当各电气点的温升基本稳定后，再开始记录温度。

3）明确测试参数范围，这里包括了假负载的功率、机房空调系统允许的最大负载以及每列头柜允许最大电流等。

6.1.4.3　假负载 PUE 测试

（1）对于 PUE 值测试，为了确保 PUE 值是在设计要求的温度前提下测得的，需要将此测试与温度测试同时进行。假负载测试的步骤如下：

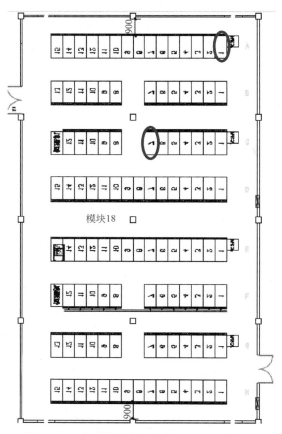

图 6.1-5 典型热管背板机柜测点温度位置图

1）保证机房内空调安装完成，供配电系统安装完成并已加电进行空载试运行测试，机柜及控制器单机调试完成；

2）保证冷水系统管道已完成保压、保温及冲洗，保证冷媒管道已完成打压、保压和保温，保证冷水循环满足测试要求，供水温度达到规定范围；

3）进行 UPS 校对测试，校对电量计量仪表的准确性，分别读取列头柜的功率读数和 UPS 仪表的功率读数，进行对比；

4）假负载安装完成，并具备上电条件；

5）开启假负载；

6）记录 *PUE* 值。

（2）对于假负载测试 *PUE*，应该注意的事项有：

1）*PUE* 是机房所有空调末端设备与负载耗能之和与负载耗能之比；

2）测试周期不少于 24h；

3）机房所有空调末端设备的耗能与负载耗能的单位均为 kWh，不能用瞬时功率的计算方法；

4）机房所有空调末端设备包括送风末端、恒湿机、空调控制系统等；

5）每隔 2h 记录一次假负载用电量和空调系统等非假负载用电量，并核对每 2h 内假负载用电量有无变化；

6）各单位采用监控平台数据读取或采用外置便携仪表测试再汇总的方法均可，但必须保证数据完整和准确。

6.1.4.4　假负载单点故障测试

（1）列间空调的故障测试

采用假负载进行单点故障测试，以热管列间级空调为例，进行空调故障或者断电停机的温升测试，测试的步骤如下：

1）假负载、空调系统、冷水系统正常运行时，每个冷通道关闭 1 台或者 2 台空调；

2）用手持温湿度仪测量并记录此台空调所涉及机柜的冷热通道的温度变化，持续时间为 30min。

注意事项：

1）如果 IT 设备进风温度一直升高，则热通道温度升高至 35℃时，测试结束；结束后整理该机柜的温度数据，绘制变化曲线。

2）如果 IT 设备进风温度一直升高，但热通道的温度在低于 35℃的温度下保持稳定，则在此温度下保持 30min 无变化，测试即可结束。

测试结果及分析：

某数据中心热管列间级空调进行单点测试后，得到热成像记录图，其中图 6.1-6 为 A 列排风通道温度，图 6.1-7 为 AB 列进风通道温度。

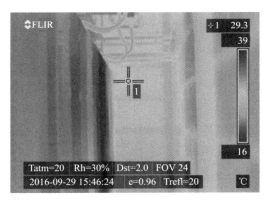
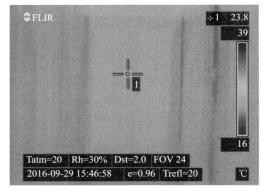

图 6.1-6　A 列排风通道温度　　　　　图 6.1-7　AB 列进风通道温度

1）从测试数据上看，当冷通道内单台空调故障时，冷、热通道温度都有小幅度的升高，但排风温度依然维持在 35℃以下，满足测试工况要求。

2）测试过程中，机柜进风温度为 21～24℃，排风温度为 30～35℃；机房冷、热通道的温度分布十分均匀，满足设计要求。

3）因此得出，单台设备故障会使冷热通道温度小幅度升高，在故障工况下，冷通道的平均温升均未超过 2℃，符合设计要求。

（2）热管背板空调的故障测试

机柜级热管背板空调的假负载单点故障测试步骤如下：

1）假负载、热管系统、冷水系统正常运行时，选择机房中任意一台热管冷凝器；

2）手动关闭进出水阀门；

3）监测对应列机柜的 IT 设备进、排风温度的变化曲线。

测试中需要注意如下问题：

1）热管冷凝器故障后，密切关注监控系统的环境参数，如果从监控系统确认 IT 设备进风温度保持 20min 无变化，测试即可结束，结束后从监控系统读取此段该机柜的温度数据、曲线。

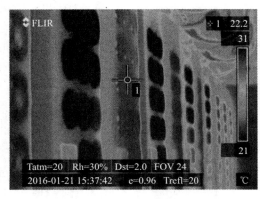

图 6.1-8　热成像照片

2）热管冷凝器故障后，如果 IT 设备进风温度一直升高，则发现任一台机柜进风温度升高至 35℃时，测试结束。解除冗余风机故障，结束后从监控系统读取此段该机柜的温度数据、曲线。

测试结果及分析：

某数据中心热管背板空调进行单点测试后，模拟最不利工况下的单台热管冷凝器（边界处热管冷凝器）发生故障的情况，得到热成像记录图，如图 6.1-8 所示。

可以看出，关闭某个热管冷凝器后，共用一个冷通道的两列机柜的进风温度升高至 23.6℃，与其他列机柜进风温度相比，平均温度高约 2.5℃。

6.2　设备及系统故障分析

数据中心冷却系统的故障种类繁多，根据故障发生的时间不同可分为设计故障和运行故障。设计故障是指在系统设计、安装及调试过程中出现的故障问题，这类故障易于发现，且通常会有专业维修人员在场，因此可以迅速准确地找出故障原因，使得故障问题被立即解决，恢复冷却系统的正常工作状态。运行故障是指在冷却系统实际工作过程中出现的故障问题，这种故障往往更加复杂，排除较困难，易于造成系统的整体瘫痪并引起一定的经济损失。此外，故障还可以分为系统故障和设备故障。系统故障是指冷却系统没有达到要求的工况水平而产生了故障，设备故障是指冷却系统中单独一个设备由于损坏产生了故障。本节主要介绍的是运行时冷水机组的各个设备、冷却塔、精密空调以及加湿机组的一些故障形式以及故障原因。

6.2.1　冷水机组故障

（1）蒸发器故障

1）蒸发器外表面结霜

蒸发器结霜是指由于蒸发压力过低，而在蒸发器表面出现结霜的现象。因此，在这里来分析一些蒸发压力过低的原因。首先，从元件结构上分析，当蒸发器自身换热面积小，达不到给定的制冷需求时，蒸发压力很低。其次，当膨胀阀的开度较小时，进入蒸发器的制冷剂流量很小，此时蒸发器内由气相制冷剂占据大部分空间，而制冷剂在气相时，换热效率是低于液相的，因此制冷量较小，蒸发压力过低。另外，一些部件的堵塞也会影响换热，使得蒸发压力降低。

2）制冷剂泄漏

在蒸发器处，若制冷剂的泄漏量小，则会引起冷机的制冷量减少，若制冷剂的泄漏量大，则会引起上面提到的蒸发压力过低的现象。实际在蒸发器进行工作时，由于换热过程中换热器的铜管砂眼以及腐蚀，会造成制冷剂的泄漏问题。

除此之外，表 6.2-1 列出了蒸发器的一般性故障。

<table>
<tr><td colspan="2">蒸发器一般性故障　　　　　　　　　　　　　　　　　　表 6.2-1</td></tr>
<tr><td>蒸发器故障类型</td><td>故障原因</td></tr>
<tr><td>压力降过大</td><td>(1)蒸发器入口堵塞；
(2)换热器内部板片通道堵塞；
(3)过滤器失效</td></tr>
<tr><td>换热效果差</td><td>(1)蒸发器内部板片有污垢；
(2)过滤器堵塞；
(3)制冷剂进入温度过高</td></tr>
<tr><td>蒸发器换热板片压偏</td><td>(1)蒸发器换热板片变形量太大；
(2)夹紧螺栓紧固不均匀</td></tr>
</table>

（2）压缩机故障

1）制冷剂泄漏

制冷剂泄漏多数发生在压缩机的轴封处，会出现漏气现象。一方面，压缩机采用油封的形式进行轴封密封，如果轴封内油量不够，如油管路发生堵塞，则会影响进油量，这样在压缩机处没有达到油封效果，就会造成制冷剂的泄漏。另一方面，轴封的密封圈是橡胶材质，在油的环境下会被浸蚀，从而发生变形现象，这样会造成密封效果变差，从而使得制冷剂发生泄漏。

2）超载现象

压缩机超载是指通过压缩机的电流过大，超过了正常工作电流，则冷却系统会自动报警。这是因为当冷机接收的热负荷过大时，进出压缩机的压力值都会提高，超过了压力限制范围，此时通过压缩机的电流就会增大，会出现压缩机超载现象。另外，当冷却系统制冷剂的流量增大时，超过了压缩机的工作容量，也会使压缩机发生超载现象。除此之外，压缩机内部结构的损坏或者接线松动也可能使得压缩机电流过大，使压缩机超载。

3）高低压窜气

高低压窜气是指经过压缩机发生升压后的制冷剂，在排出后没有进行正常的制冷循环，即没有通过冷凝器、蒸发器等，而是直接又回到了压缩机的吸气端。对于原因，一般是由于压缩机内部的气阀不严密或者汽缸有磨损，这样不能保证制冷剂的流动方向，则可能发生压缩机内制冷剂的回流，即高低压发生窜气现象。高低压窜气会带来一些危害，如导致曲轴箱温度过高，排气温度过高等。

4）油泵油压过低

压缩机的油泵工作需要保证一定的压力，而油压过低是指油压表和压缩机的吸气压力表的读数之差过小。一方面，当油中含有一定量的制冷剂，则会引起制冷剂在曲轴箱内发生吸热，蒸发过程会形成起泡现象，占用了油的空间，也降低了一定的油压。另一方面，可能是油泵自身有一定的机械磨损，使得工作效果变差，油压降低。

上述故障为压缩机运行中常见的一些故障。除此之外，压缩机的调节参数吸气温度和排气温度也会由于某些原因而不能保持在正常范围内，现将这些故障原因列在表6.2-2中。

压缩机参数故障 表6.2-2

压缩机故障类型	故障原因
压缩机吸气温度过高	(1)冷凝器结垢； (2)膨胀阀开度过小； (3)压缩机吸气阀片损坏； (4)制冷系统阀门或焊接部分泄漏； (5)冷却水流量过小； (6)水泵不转； (7)制冷剂充注量不足
压缩机吸气温度过低	(1)过滤器堵塞； (2)风机不转
压缩机排气温度过高	(1)吸入气体的过热度太大； (2)膨胀阀开度过小； (3)过滤器堵塞； (4)制冷系统阀门或焊接部分泄漏； (5)制冷剂充注量过多； (6)制冷剂充注量不足； (7)冷却水进口温度高； (8)冷却水流量过小； (9)水泵不转
压缩机排气温度过低	(1)压缩机吸排气阀片损坏； (2)冷却水进口温度低

(3) 膨胀阀故障

1) 膨胀阀开启和调节故障

膨胀阀的开启和调节故障，是指在制冷工作时无法正常开启膨胀阀和调节膨胀阀的开度。对于开启故障，一般的原因有两个：膨胀阀内感温包工质泄漏或是膨胀阀的机械结构传动杆长度过短或出现弯曲现象。当感温包工质泄漏时，由膨胀阀工作原理可知，膨胀阀无法将制冷剂送至蒸发器，导致制冷循环停止。当传动杆的长度过短或是弯曲时，会造成蒸发压力下降，使得制冷效果变差。对于膨胀阀的调节故障，一般的原因是传动杆过长，以及感温包与蒸发器之间距离太远，使得膨胀阀不能调小，也会导致制冷效果变差。

在膨胀阀调节这部分，一些具体的故障原因如表6.2-3所示。

膨胀阀调节故障 表6.2-3

膨胀阀故障类型	故障原因
膨胀阀通路不畅	(1)膨胀阀的阀针过长造成阀开度失调； (2)调节弹簧折断； (3)感温包内充剂逃逸

膨胀阀故障类型	故障原因
膨胀阀开度过大	(1)膨胀阀的阀针过长造成阀开度失调; (2)调节弹簧折断; (3)感温包位置不正确
膨胀阀工作不稳定	(1)制冷剂不充足; (2)膨胀阀的容量选择过大

2) 膨胀阀的多类堵塞故障

膨胀阀内除了制冷剂和膨胀剂,可能还会出现水分、冷冻油以及一些杂质。对于水分,若在工作中膨胀阀内混有水分,在低温条件下,水发生结冰现象,称为冰塞。对于冷冻油,若在工作中蒸发温度低于冷冻油的凝固点温度,则冷冻油发生低温凝结,而冷冻油中的蜡会被分离,在膨胀阀中堵塞过滤网或者阀针孔。对于杂质,在制冷机组运行一段时间后,管路内壁的杂质会和制冷剂一起进行循环,在膨胀阀的过滤网处,杂质会进行附着沉积,使得流通面积减小进而造成堵塞现象。这些类型的堵塞都会使膨胀阀不能正常工作,并对冷机系统的运行产生影响。

(4) 冷凝器故障

1) 制冷剂的冷凝压力过大

制冷系统工作时可能会出现冷凝压力过大的状况。一方面,当由于设备气密性变差而使得空气进入冷凝器中时,根据道尔顿分压定理,制冷剂压力与空气压力加和的冷凝总压力比之前有所增加。当残留在冷凝器中的空气占据的体积过大时,会造成冷凝压力过大,进而使制冷量降低,耗电量增加。

2) 换热管振动

冷凝器产生振动,主要有两方面原因:一是由于外界有振源,引起管子振动;二是由于壳侧介质流动过程可能会引发管子产生很大的振幅。管子发生振动危害很大,一方面会使得管子振动时相互接触,相互摩擦,在振动幅度最大处,管子会发生严重的磨损。另一方面在管子振动时,由于产生弯曲交变应力,则会使管子发生弯曲变形,长期运行会使得管子产生疲劳破裂现象。

6.2.2　冷却塔故障

(1) 冷却塔效率低

冷却塔的冷却过程主要由进入冷却塔的水温和离开冷却塔的水温决定,当水温的差值过小,则冷却效果差。换热温差小,一方面由于空气和水的接触面积小以及接触时间过短,不能达到充分的热量交换;另一方面,进入冷却塔的空气流动方向和流动速度也会削弱换热过程。这些都会影响冷却系统的换热效率。

(2) 循环设备腐蚀

当冷却塔的冷却水与空气直接接触时,空气中的杂质会使冷却水的纯净度降低。随着冷却水的不断循环,即蒸发冷凝过程的不断往复,冷却水中的杂质浓度增加。这样使得冷却水的水质逐渐恶化,具体表现为设备管道系统会发生腐蚀结垢等现象,影响冷却水的循环,影响换热过程。

（3）塔内结冰

冷却塔的塔内结冰主要是指冷却塔的淋水装置、外侧护板、集水盘等区域发生严重的冻结现象。例如在集水盘处，内部冷却水正常循环流动，而集水盘边缘区域流速小，在冬季工况会发生结冰现象，而由于冰的密度小于水的密度，结冰后体积增大，这样会造成集水盘结构发生破坏，甚至发生漏水等现象。再如，在冷却塔进风口处，挡风板悬挂的方位以及挡风板悬挂的数量没有调整到位，此时若进入冷却塔的冷空气过多，则塔内冷却水会有结冰现象，对冷却循环造成破坏。

除此之外，表 6.2-4 列出了冷却塔其他常见故障及处理方法。

冷却塔常见故障及处理方法 表 6.2-4

常见故障	故障原因	处理方法
冷却水温度升高	(1)循环水量过多； (2)风量不均； (3)热空气再循环现象产生； (4)风量不足； (5)散热片阻塞； (6)散水管阻塞； (7)入风口网阻塞	(1)调节水量至设计标准； (2)改善通风环境； (3)改善通风环境； (4)调整风叶片角度（额定电流内）； (5)清除散热片阻塞； (6)清除尘垢及藻类； (7)清除入风口网阻塞之处
冷却水量过少	(1)散水孔阻塞； (2)过滤网堵塞； (3)水位过低； (4)循环泵选择错误	(1)清除尘垢及藻类； (2)取出过滤网清洗干净； (3)调整浮球阀至运转水位； (4)更换与设计水量相符的泵
异常噪声及振动	(1)风叶触到风筒内壁； (2)风叶安装不当； (3)风车不平衡； (4)减速机内润滑油过少； (5)轴承故障	(1)调整风叶长度； (2)重新拧紧螺母； (3)校正风叶角度； (4)补充油量至规定油面； (5)更换轴承或轴封
马达超载	(1)压降过低； (2)风叶角度不适当； (3)量过大； (4)马达故障	(1)检查电源； (2)调整风叶角度； (3)调整风叶角度； (4)更换或送修
水滴过量飞溅	(1)散水管回转过快； (2)散水槽水位过高溢出； (3)散热片阻塞； (4)挡水板失效； (5)循环水量过多	(1)调整散水管角度； (2)更改散水孔孔径数量； (3)清除散热片阻塞； (4)更换挡水板； (5)减小循环水量

6.2.3　精密空调末端故障

（1）过滤网堵塞

过滤网是指精密空调中与空气直接接触的过滤部件，由于空气中含有杂质，在换热后空气经过滤网进入室内机房，使得杂质残留在过滤网上。杂质长期积累结垢，会使得过滤网发生堵塞，影响精密空调的正常出风，从而影响室内的风循环，影响正常的换热效果，使制冷效果变差。

（2）送风口结露

送风口结露是指当送风口出风温度低于露点温度时，空气中的水蒸气析出在送风口并且冷凝成大量的水珠的现象。首先，当机房内空气湿度较大时，送风口易发生结露现象，适当地提高送风温度可以降低一定的湿度，减少结露。其次，当精密空调的送风量与冷量没有实现匹配时，如冷量过大，而送风量很小时，易发生结露现象。此外，当进风口的材料热导率很高时，会使得送风口的温度降低，低于露点温度，产生结露现象。

除此之外，对于精密空调末端换热设备，还有一些常见故障及故障原因如表 6.2-5 所示。

精密空调换热设备故障 表 6.2-5

精密空调换热设备故障类型	故障原因
振动严重	(1)外部管道振动引起的共振； (2)因制冷机频率引起的共振
传热效果差	(1)换热管结垢； (2)换热管隔板短路
法兰处密封泄漏	(1)垫片变形； (2)螺栓强度不足、松动或者腐蚀； (3)法兰的密封面受到损坏

6.2.4　加湿机组故障

数据中心机房内的相对湿度是指机房内空气中水汽压与同一温度下饱和水汽压之比。对于数据中心机房，各标准的相对湿度范围值不同，如表 6.2-6 所示。

数据中心相对湿度标准 表 6.2-6

项目	国家标准			美国标准 ASHRAE(TC9.9)	
	A 级	B 级	C 级	2005	2012
机房相对湿度	露点温度 5.5～15℃ 相对湿度不大于 60%				最低露点温度为 5℃，最高湿度为 60%

由表中数据可知，我国数据中心对于相对湿度的要求较为严格，机房相对湿度要求露点温度为 5.5～15℃，相对湿度不大于 60%。因此，为了保证机房的相对湿度在正常范围内，必须保证加湿机组的稳定工作。

当机房内相对湿度过大时，会对机房内的 IT 设备等造成一定的损害；当机房内相对湿度过小时，IT 设备的使用性能和寿命也会受到影响。此时，需调节加湿机组，提高机房内的相对湿度。

现将相对湿度异常原因以及处理方式列在表 6.2-7 中。

相对湿度异常原因及处理方式　　　　　　　　　　　　　表 6.2-7

机房内相对湿度异常原因	相应的故障处理方式
(1)送风温度过低；	(1)调节送风温度；
(2)通风机风速太大；	(2)进行风量调节；
(3)送风量过小；	(3)进行风量调节；
(4)加湿机组喷嘴堵塞；	(4)疏通喷嘴，去除杂质；
(5)送风量大于回风量；	(5)进行回风风量调节；
(6)精密空调蒸发器外表面结霜	(6)适当提高蒸发温度

当机房送风温度过低时，相对湿度增加，甚至可能出现低于露点温度的情况，导致机房凝水，对服务器运行造成隐患。送风量过高或者过低都会影响机房内的相对湿度，当送风量低于回风量，机房内会产生负压，容易引入室外高湿度的空气，破坏机房内原有空气湿度的稳定。当由于通风净面积减少，管网的阻力增加造成送风量太小时，加湿效果差，不能对机房内的余湿进行完全消除，即无法保证机房湿度的稳定。对于送风速度，如果风速太快，则空气与水的热湿交换不充分，对于湿度的调节也是不利的。当加湿机组的喷嘴堵塞很严重时，喷水系数下降，同样的，空气与水的热湿交换不充分，使湿度异常。当精密空调蒸发器的外表面温度很低时，会出现结霜现象，这种堵塞称为霜堵，这样降低了空气与水的热湿交换效率，造成机房内相对湿度的提高。

6.3　运行与维护

为确保数据中心安全、可靠、持续、经济、低耗与高效地运行，必须做好数据中心的运行和维护管理。其中，数据中心冷却系统的运维效果将直接影响到数据中心的建设规模以及可持续发展能力。运行是对数据中心冷却系统和设备进行的日常巡检、启停控制、参数设置、状态监控和优化调节；维护是为保证冷却系统和设备具备良好的运行工况，达到提高可靠性、排除隐患、延长使用寿命目的所进行的工作。本节主要对数据中心常用的风冷系统和水冷系统的运行维护进行介绍，首先对基本要求进行介绍，然后从运行和维护两个方面展开。风冷系统主要组成为冷水机组、板式换热器、冷水泵、控制阀门、管路、精密空调和加湿除湿设备等部分；水冷系统主要组成为冷水机组、冷却塔、板式换热器、水泵、控制阀门、管路、精密空调和加湿除湿设备等部分。两类系统运行维护具有相似性，因此本章不再单独区分介绍风冷系统和水冷系统主要设备。

6.3.1　运行维护基本要求

冷却系统运行维护的基本要求包括：

（1）运行维护团队宜提前参与冷却系统和设备的安装、调试和测试过程；

（2）数据中心正式投用前应进行综合系统测试，定期进行核心系统联动测试；

（3）通过有效的计划、组织、协调与控制，确保 IT 设备运行环境稳定可靠；

（4）冷却系统应根据气候条件、动态冷（热）负荷及能源供应条件等，按安全可靠、节能环保的原则，制订合理的全年运行方案。通过科学管理，实现系统运行维护服务和经济性的最优化；

（5）运行维护宜按不同设计或建设等级进行；

（6）应对设备的常用操作建立标准操作程序，设备启、停、切换等常用操作严格执行标准操作程序和厂家技术手册；

（7）冷水机组、冷水泵、冷却水泵、冷却塔、电动水阀需协调控制，其启停顺序、台数控制、变频调节、水阀开度直接关系到系统安全与能效，应采用自动控制系统进行联合控制，并根据系统负荷变化和机组特性制定运行方案；

（8）冷却系统有备用或冗余的，轮换使用时宜优先考虑高效率设备，其次按设备运行时间考虑运行情况；

（9）运行维护过程中，当通过日常巡检、维护检查、系统监测等各种方式，发现系统和设备隐患、异常、故障、报警等问题时，应按照事件管理程序或既定处理措施处理；

（10）系统和设备维护保养、发生故障及维修期间，不能发挥正常作用，应有相应的保障措施和应急预案；

（11）在严寒和寒冷地区，冬季运行的冷却水系统需要采取可靠防冻措施，外露的阀门管道需要做好保温防护，加装伴热措施。应提前制定冬季安全生产措施，保证生产安全。

6.3.2　冷却系统的运行管理

6.3.2.1　冷源和水系统

冷源部分主要包括冷水机组、冷却塔、板换，水泵、控制阀门和管道，运行管理的主要要求为：

（1）冷水机组、冷水泵、冷却水泵、冷却塔、电控水阀应采取群控方式，根据系统负荷变化和机组特性制定运行策略；

（2）在满足除湿和供冷需求的条件下，冷水机组供水温度宜适当提高；

（3）具备冷却塔供冷措施的空调系统在过渡季和冬季运行时，应根据室外气象条件进行自然供冷与冷机供冷模式的切换；

（4）采用变频控制的水泵和冷却塔风机，当电机无独立散热措施时，频率不宜低于 30Hz；

（5）当室外温度低于冰点时，冷却水系统应采取防冻措施；

（6）冷源和水系统的建议运行管理监控内容如表 6.3-1 所示：

运行管理监控内容　　　　　　　　　　　　　　　　表 6.3-1

监控项目	监控内容
冷水机组	机组运行状态、故障报警和启停控制； 冷冻、冷却阀门开关控制； 机组应监控重要运行参数，包括： ①冷水供/回水温度； ②冷水温度设定值； ③机组当前负载率； ④负荷需求限定值； ⑤冷水机组开关控制；

监控项目	监控内容
冷水机组	⑥冷却水供/回水温度； ⑦蒸发器/冷凝器制冷剂压力； ⑧导叶开度； ⑨油压差； ⑩压缩机运行电流百分比； ⑪蒸发器/冷凝器的饱和温度； ⑫压缩机排气温度； ⑬油温； ⑭压缩机运行小时数； ⑮压缩机启动次数、平均电流、平均线电压
冷水泵	冷水泵启停； 手/自动状态； 冷水泵运行状态(变频运行、旁路运行、停止)； 冷水泵故障报警(变频故障、旁路故障)； 冷水泵变频器频率反馈值/设定值； 冷水泵变频器内部参数监控； 进出口压力； 冷水供回水温度
冷却水泵	冷却水泵启停； 手/自动状态； 冷却水泵运行状态(变频运行、旁路运行、停止)； 冷却水泵故障报警(变频故障、旁路故障)； 冷却水泵变频器频率反馈值/设定值； 冷却水泵变频器内部参数监控； 进出口压力； 冷却水供回水温度
冷却塔	冷却塔风机启停； 手/自动状态； 冷却塔风机运行状态(变频运行、旁路运行、停止)； 冷却塔风机故障报警(变频故障、旁路故障)； 风机变频器频率反馈值/设定值； 电动蝶阀控制； 冷却塔供回水温度； 高低液位监测； 补水量
冷却水补水泵	水泵启停； 水泵运行状态； 水泵故障状态； 手/自动状态
冷水供回水总管	供回水总管压力、温度； 回水总管流量监测； 压差旁通阀调节控制
蓄冷罐	温度、压力监测
冷却补水箱	高低液位监测、报警

续表

监控项目	监控内容
板式换热器	电动阀门控制； 冷冻侧供回水温度； 冷却侧供回水温度； 水流监测
室外环境	室外干球、湿球温度或相对湿度

（7）冷源和水系统应进行日常巡检，建议巡检内容如表6.3-2所示：

运行管理巡检内容　　　　　　　　　　　　　　　　表6.3-2

巡检项目	巡检内容
冷水机组	控制面板：运行/停止、故障/正常、手动/自动状态、报警信息； 机体：异常声响、气味、振动； 外部各接口及连接件：泄漏情况
冷却塔	风机异响、集水盘水位、飘水、漏水和冬季结冰情况
冷却水泵/冷水泵	电机轴承和泵体：异常声响、气味、振动； 轴封和管接头：漏水情况； 压力表：压力数值，指针抖动
板式换热器	翅片污物积累情况
定压设施	压力数值
水箱	水位、缺水和溢水情况
管道	保温完整、结露和漏水情况
阀门	阀位、漏水情况

6.3.2.2　精密空调、湿度控制和环境

精密空调、湿度控制和环境的运行管理主要要求为：

（1）室内气流组织应确保合理，防止局部过热；

（2）运行策略应根据气象条件和运行环境变化适时调整，降低局部结露风险；

（3）设置了自然冷却措施的机房空调和风系统在过渡季和冬季运行时，应根据室外气象条件进行自然供冷与压缩机供冷的切换；

（4）建议运行管理监控内容如表6.3-3所示：

运行管理监控内容　　　　　　　　　　　　　　　　表6.3-3

监控项目	监控内容
精密空调	空调机组启停控制及运行状态显示；延时启动的参数设置；过载报警监测；送回风温度监测；室内外温度、湿度监测；过滤器状态显示及报警；风机故障报警
加湿/除湿机	开关机状态、湿度设置和工作状态
机房环境	应监测IT机房、UPS配电室、蓄电池室的环境温度和湿度值； 主机房的环境温度、露点温度或相对湿度应以冷通道或送风区域的测量参数为准

续表

监控项目	监控内容
空气质量	监测对象一般包括氢气、硫化物、粉尘等,按照所属区域不同,所监测的内容也有所不同: ①主机房内,一般监测空气所含硫化物、粉尘含量等; ②蓄电池间,主要监测空气所含氢气浓度
静压/压差	主机房与主机房外的压差; 主机房地板下的静压

（5）精密空调和湿度控制设备应进行日常巡检,建议运行管理巡检内容如表 6.3-4所示:

运行管理巡检内容　　　　　　　　　　　　　　　表 6.3-4

巡检项目	巡检内容
控制面板	运行/停止、故障/正常、手动/自动状态、报警信息
运行状态	异常声响、气味、振动
外观	保温完整、结露和漏水情况

6.3.3　冷却系统的维护管理

6.3.3.1　冷水机组

冷水机组作为制冷的核心部件,主要由电气系统、机械系统、供油系统、控制系统组成。对于冷水机组的日常维护,应根据厂家提供的维护说明书进行。除了数据中心自行组织的常规维护,在设备质保期内一般都有厂家的专门人员对机组进行定期专项维护,保质期后可根据实际情况购买维保服务。

冷水机组的主要维护内容:

（1）电气系统:检查电源接线是否牢固;电动机的温度;定期进行机组绝缘电阻检查。

（2）供油系统:供油系统是机组的重要组成部分,起到润滑压缩机部件的重要作用,运行期间定期更换油过滤器和冷冻机油。

（3）水路系统:定期清洗水路系统中的所有过滤器。由于冷却水水质较差,长时间运转后,冷凝器会有一定的结垢现象,造成换热效率的下降,进而引起冷凝压力和排气压力的升高,严重时可造成系统保护停机,所以应定期检查冷凝器管的污垢情况,有必要的话进行清洗。

（4）机械系统:定期润滑导叶执行器处的连接轴承、球形接头和枢轴点。

（5）控制系统:定期校验各种压力、温度传感器的准确性;检查水流开关的动作是否灵敏可靠。

6.3.3.2　冷却塔

冷却塔的主要维护内容:

（1）主体结构:定期检查主体结构有无破损、腐蚀现象,必要时进行防腐喷涂;检查各连接部位是否紧固;检查机械装置、补水阀是否正常。

（2）填料:检查填料的结垢、破损和老化情况,定期清洗,必要时进行更换。

（3）风机及皮带：定期检查风机的叶片角度和顶端间隙，检查并拧紧叶片和轮毂的各紧固件；检查轴承、皮带轮和皮带对齐，检查皮带松紧度及运行状况。

（4）电机：检查装配螺栓是否牢固；定期进行绝缘测试和电机润滑。

（5）电伴热：冬季前进行回路开关、加热功能检查及处理。

6.3.3.3　水泵

水泵的主要维护内容：

（1）泵体：表面清洁；壳体及基座腐蚀、密封泄漏、泵体固定、联轴器与轴的磨损情况及处理。

（2）轴承：加注润滑油。

（3）电机：外壳清洁和补漆；绝缘检测和处理；端子紧固。

6.3.3.4　板式换热器

定期对板式换热器进行拆洗，去除运行中沉淀下来的污垢。

6.3.3.5　精密空调

精密空调的构成包括：控制系统、压缩机、加湿器、冷凝器、加热器风机、空气过滤器等，精密空调的维护管理主要是针对以上部件。维护内容如表 6.3-5 所示。

精密空调维护内容 表 6.3-5

维护项目	维护内容
控制系统	检查报警器声、激光告警、接触器、熔断器是否正常； 检查所有电器触点和电气元件； 检查空调系统的各项功能及参数是否正常； 检查温度、湿度传感器的工作状态是否正常； 测量电机负载电流、压缩机电流、风机电流是否正常； 检查水浸情况、水浸告警系统是否正常
压缩机部分	检测压缩机表面温度有无过冷、过热现象； 测试高低压保护装置； 压缩机运行声音是否正常； 测试压缩机运行电流及吸、排气压力
室外冷凝器	检查风机的转动、轴承、底座、电机等； 清洁或更换过滤器； 检查和清洁翅片； 检查冷凝器固定是否有松动； 检查冷媒管线有无破损及保温情况； 检查冷凝器工作时的工作电流是否正常； 清洁设备表面； 测试风机工作电流、检查风扇调速状况、风扇支座； 检查电机轴承； 检查、清洁风扇； 检查、清洁冷凝器翅片
加湿器部分	检查加湿器远红外管是否正常； 保持加湿水盘的清洁,清除水垢； 检查上水和排水电磁阀的工作情况是否正常； 检查给水、排水管路是否畅通； 检查加湿器负荷电流和加湿器控制运行情况

续表

维护项目	维护内容
冷却系统	测量出风口风速及温差； 测试回风温度、相对湿度并校正温度、湿度传感器； 检查制冷剂管道固定情况； 检查并修补制冷剂管道保温层； 检查冷却风机是否正常； 通过视镜检查并确定制冷剂情况是否正常
加热部分	检查电加热器的可靠性
空气循环系统	检查空调过滤器是否干净，及时更换或清洗； 检查风机的运行状况是否正常； 检查是否有气流短路情况

本 章 参 考 文 献

[1] 何智光.热管复合冷却系统的协同优化分析及应用[D].北京：清华大学，2019.

[2] 宋蒙，王侠，谢静，等.假负载测试在数据中心关键设施建设中的应用[J].信息通信技术，2015，9（03）：17-22 ＋27.

[3] 张广明，陈冰.数据中心基础设施设计与建设[M].北京：电子工业出版社，2012.

[4] 王勇.换热器维修手册[M].北京：化学工业出版社，2010.

[5] 辛长平.制冷设备运行管理与维修[M].北京：电子工业出版社，2004.

[6] 李晨生，张庆.冷却塔运行维护与检修[M].北京：中国电力出版社，2014.

[7] ASHRAE. 2008 ASHRAE Environmental Guidelines for Datacom Equipment[M]. Atlanta：ASHRAE，2008.

[8] 中华人民共和国工业和信息化部.GB 50174-2017 数据中心设计规范[S].北京：中国计划出版社，2017.

[9] 中华人民共和国工业和信息化部.GB/T 51314-2018 数据中心基础设施运行维护标准[S].北京：中国计划出版社，2018.

[10] 吕科.京东数据中心构建实战[M].北京：机械工业出版社，2018.

第7章 高效冷却数据中心典型案例

7.1 东江湖数据中心

7.1.1 数据中心简介

东江湖数据中心位于郴州资兴市城区东江湾河岸，如图 7.1-1 所示。该数据中心占地 2hm²，总容量为 10000 个机架，分三期建设，其总体规划见图 7.1-2，目前第一期机楼已建成，并于 2017 年 6 月投产运营，建筑面积 1.63 万 m²，共 3000 个机架规模，而且现有 400 个机架已投入运行。

图 7.1-1 东江湖数据中心位置

东江湖的发电站大坝高 170 多米，湖水从大坝底部按每秒 40m³ 的流速泄出，出水口温度为 4℃左右。湖水流到下游 10km 处（资兴市城区）水温自然升至 12℃左右，并且常年维持。因此，该数据中心基于东江湖常年低于 12℃、水质清澈、流量稳定、水位稳定等特点研发地表水冷却技术，全年 99％的时间采用自然水冷方式供冷，使 *PUE* 低于 1.2，改变了传统数据中心电力制冷的格局，比传统数据中心节能 30％～40％。

7.1.2 冷却系统概述

（1）系统形式介绍

东江湖大数据中心设有两套制冷系统，湖水直供系统为主用，集中式冷水系统为备用。其中制冷系统组成如图 7.1-3 所示。

湖水直供系统：深层湖水经板式换热器制取冷水为机房降温，换热后的湖水经密闭管

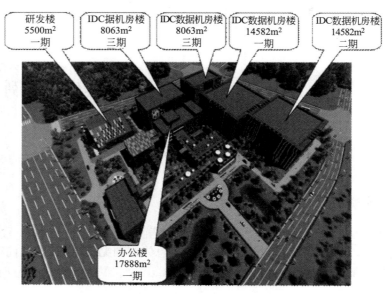

图 7.1-2　东江湖大数据中心总体规划

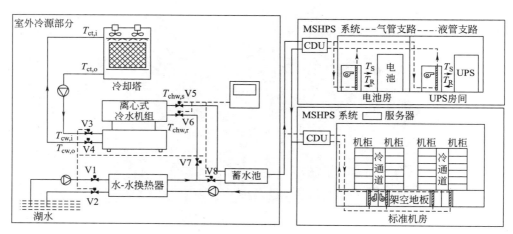

图 7.1-3　制冷系统图

道排放至东江湖下游,整个过程不对湖水水质造成影响,并已通过环境影响评估,不影响周边环境和生态。

集中式冷水系统:系统配置 4 台 1200RT 的 10kV 高压离心式水冷机组及配套设施作为备用。当湖水制冷量不足或湖水不能使用时,由群控系统(BA)控制,逐步开启制冷机组持续对数据中心进行制冷。

(2)制冷系统运行模式与场景

根据不同的条件,该数据中心的制冷系统存在三种运行模式(图 7.1-4),详细情况如下:

模式 A:当湖水温度<13℃时,系统由湖水单独制冷,冷水经板式换热器降温后直接送至供水主管,通过控制湖水水泵频率,实现控制板式换热器二次侧出口温度恒定在 15℃。

模式 B:当湖水温度为 13~18℃时,开启混合制冷模式,冷水经板式换热器一次降温后再进入冷冻机组二次降温，同时监控离心式机组的出水温度恒定在 15℃。

模式 C：当湖水温度＞18℃或湖水不能使用时，自动关闭板式换热器管道上的电动阀，进入冷冻机组单独供冷模式，监控离心式机组的出水温度恒定在 15℃。

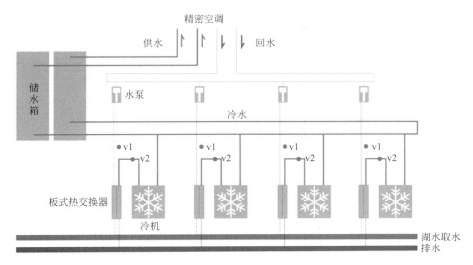

图 7.1-4　制冷系统场景

7.1.3　测试数据

该数据中心在 2018 年度对其能耗进行了监测，其中表 7.1-1 反映了 2018 年度数据中心主要用能设备情况，而表 7.1-2 则反映了该数据中心的能耗数据。

2018 年度数据中心主要用能设备情况表　　　　表 7.1-1

类别	设备名称	规格型号	上架通电设备数量（台套）	标准功率	备注
IT 设备	IT 设备	（机柜功率分为 10A、20A、30A）	截至 2018 年年底为 400 架通电	4.4kW 左右	1.IT 设备(机柜)并非满负荷运行； 2.机柜逐月上架增加
制冷设备	冷水泵	KP80172	2	160kW	一开一备，变频器控制，非满负荷运行，根据冷量需求调节功率大小
	湖水泵	KP80172	2	160 kW	1.一开一备，变频器控制，一开一备，变频器控制，非满负荷运行，根据冷量需求调节功率大小； 2.直接使用东江湖自然低温湖水（常年 12℃左右），通过板式换热器实现冷热交换
	热管空调	MRG-40-LG	24	1.75 kW	实际运行台数根据机房温度调节，大概 15 台左右，可变速调节
	精密空调	SCLSU-1500	26	5.1 kW	实际运行台数根据机房温度调节，大概 17 台左右，可变速调节

2018 年度数据中心电能使用效率计算表　　　　　　　　　　　表 7.1-2

序号	月份	总电能消耗（万 kWh）	变压器损耗（万 kWh）	UPS 损耗（万 kWh）	照明及其他基础设施用电（万 kWh）	数据中心信息设备电能消耗(万 kWh)	制冷设备电能消耗（万 kWh）	冷却系统运行能效 COP	PUE
1	2018 年 1 月	45.4332	1.1531	3.65	0.5612	33.0253	7.0436	4.69	1.38
2	2018 年 1 月	42.1146	1.1619	3.68	0.5219	30.7784	5.9724	5.15	1.37
3	2018 年 2 月	48.1605	1.1712	3.8938	0.5421	35.4217	7.1317	4.97	1.36
4	2018 年 3 月	48.946	1.1886	4.829	0.4936	35.6725	6.7623	5.28	1.37
5	2018 年 4 月	52.9375	1.2715	4.953	0.5182	38.7128	7.482	5.17	1.37
6	2018 年 5 月	52.3071	1.2728	4.9529	0.5718	38.2504	7.2592	5.27	1.37
7	2018 年 6 月	56.281	1.4217	4.8446	0.5690	40.8546	8.5911	4.76	1.38
8	2018 年 7 月	59.9682	1.1727	5.608	0.6122	44.3263	8.249	5.37	1.35
9	2018 年 8 月	59.7736	1.3145	5.1324	0.5856	44.2776	8.4635	5.23	1.35
10	2018 年 9 月	61.3586	1.2963	5.2408	0.5746	45.6656	8.5813	5.32	1.34
11	2018 年 10 月	62.3046	1.3286	5.1876	0.5666	46.8472	8.3746	5.59	1.33
12	2018 年 11 月	66.4461	1.4096	5.3345	0.5321	49.7267	9.4432	5.27	1.34
……	全年	656.031	15.1625	57.3066	6.6489	483.5591	93.3539	5.18	1.36

（1）数据中心冷却系统全年能效

数据中心冷却系统全年能效等于 IT 设备全年总耗电量除以冷却系统的全年总耗电量。而根据表 7.1-2 可知，2018 年该数据中心信息设备的全年总耗电量为 483.5591 万 kWh，制冷设备的全年总耗电量为 93.3539 万 kWh。所以，该数据中心冷却系统全年能效为信息设备全年总耗电量/制冷设备全年总耗电量，即 483.5591 万 kWh/93.3539 万 kWh＝5.18。

（2）数据中心的全年 PUE 值

由表 7.1-2 可知，2018 年该数据中心全年总耗电量为 656.031 万 kWh，而数据中心的全年 PUE 等于全年总耗电量与数据中心信息设备的全年总耗电量之比。因此，该数据中心的全年 PUE 为 656.031 万 kWh/483.5591 万 kWh＝1.36。

7.1.4　小结

该数据中心位于湖南郴州资兴市，现有 400 个机架已投入运行。该数据中心采用湖水直供系统和集中式冷水系统两套制冷系统，其中湖水直供系统为主用系统。

该数据中心充分利用地理优势。一方面利用旁边的东江湖水底部的低温水作为冷源替代电制冷机，并且为了扩大免费冷源使用范围，控制冷水供水温度在 15℃；另一方面合理利用湖面与河道的落差形成虹吸效应降低湖水输配能耗。相比其他常规数据中心，全面减少了制冷机能耗和冷却塔能耗，大幅度降低了冷却泵能耗，提升了冷却系统的整体能效。

根据对测试数据的计算，该数据中心冷却系统全年能效 COP 为 5.18，全年 PUE 为 1.36。

7.2 中国移动（呼和浩特）数据中心

7.2.1 数据中心简介

中国移动（呼和浩特）数据中心位于内蒙古呼和浩特市和林格尔新区。该数据中心占地 93.47hm²，园区总建筑规模 62.1 万 m²，设计建设 18 栋仓储式机房，可提供 5.25 万个机架，分三期建设，其总体规划及分期建设如图 7.2-1 所示。

图 7.2-1 数据中心总规和分期建设图

一期工程建筑规模 12.73 万 m²，投资总额约 13 亿元人民币，主要包括：三栋数据机房（B01、B02、B03），每栋机房 24200m²，每栋设计安装机架 3200 个，共计 9600 个，其中 9300 个 5kW 机架，300 个 7kW 机架，现已于 2015 年底投入生产，并一直保持安全稳定运行。

二期工程建筑面积 12.6 万 m²，总投资约 18 亿元，建设 5 栋数据中心，提供 2 万个机架，其中 19000 个 5kW 机架，1000 个 7kW 机架，并且计划于 2020 年交付运营。

7.2.2 冷却系统概述

（1）系统形式介绍

目前，该数据中心已经建成 3 栋机房，均采用集中式水冷系统，由高压冷水机组、冷却塔、板式换热器及新型空调末端组成，寒冷季节充分采用自然冷源，机房全年设计满载 PUE 值为 1.35。图 7.2-2 是数据中心冷源系统示意图。

该数据中心的冷源系统装配了大量配套设施，包括管路、阀门、冷却塔、风机、冷水机组、板式换热器、分集水器、蓄冷罐、冷却水泵、冷水泵、蓄冷泵、水源热泵、电伴热、补水泵、排污泵、集水坑及相关各类传感器及执行机构等，组成了 3 套冷机系统。

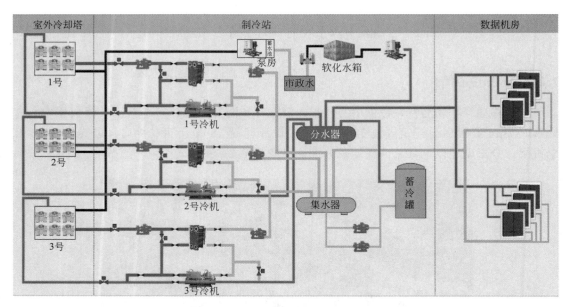

图 7.2-2　中国移动（呼和浩特）数据中心冷源系统全景图

该数据中心的机房楼配置独立制冷站，每个制冷站配置 3 台 2000RT 离心式冷水机组，2 用 1 备，每台水冷离心机组配套一台板式换热器，其中冷水离心机组和板式换热器设置在制冷机房，开式冷却塔设置在屋顶。在过渡季节或冬季，由开式冷却塔及板式换热器利用较低的室外气温提供冷源，减少冷水离心机组的开启时间。

此外，数据中心还设置了冷源 BA 控制系统，以上设施的有效运行和故障监控全部依赖冷源 BA 控制系统。冷源 BA 控制系统结构示意图可见图 7.2-3。

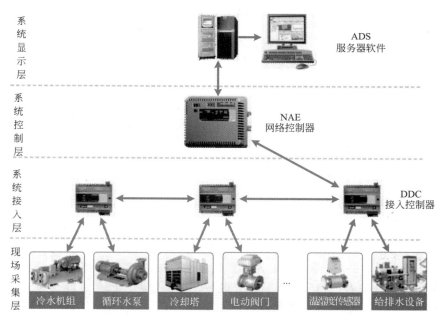

图 7.2-3　数据中心冷源 BA 控制系统结构示意图

　　本控制系统采用四层网络通信结构：第一层为现场采集层，由冷源系统的各硬件组成部分组成，提供监测控制点，包括送排风系统、污水坑系统、集成冷水机组、集成蓄冷罐、集成水源热泵机组等；第二层为系统接入层，采用 DDC（Direct Data Controller）控制器及 I/O 模块或网关连接底层设备；第三层为系统控制层，控制设备 NAE（Enhanced Network Communication Equipment）互联，采用 BACNET 通信协议，用于连接控制设备（DDC 及 I/O 模块或网关），并进行逻辑运算和下发决策控制命令；第四层为系统显示层，使用 TCP/IP 协议，用于连接系统服务器、工作站及第三方系统。

　　（2）末端装置

　　该数据中心采用热管背板、水冷前门、水冷列间 3 种新型空调末端制冷技术，3 种技术各有优势，能够满足不同的客户需求。

　　1）热管背板空调

　　热管背板空调是由表冷器、DCU（中间换热单元）以及辅助结构件构成，如图 7.2-4 所示为采用热管背板空调的机房实物图。其工作原理是热管背板末端中的液态制冷剂吸收了热空气的热量后，沸腾并气化成为蒸汽状态，蒸汽状态的制冷剂在自身压差的作用下，被输送至机房外的 DCU 中，并在 DCU 中重新被冷却成液态制冷剂，然后回流至热管背板末端中。

图 7.2-4　数据中心热管背板空调机房

　　采用热管背板空调可使数据中心具有以下制冷优势：采用热管背板代替后门，可直接面向机柜冷却，高效消除局部热点；热管背板替代后门，不占用单独的空间，节省空间；有效降低冷空气传输距离，提升冷空气利用效率，同时配合 free cooling 冷源达到节能目的；依靠制冷剂气化和液化产生的压差驱动制冷剂循环，无动力驱动，更可靠。

　　2）水冷前门空调

　　水冷前门空调是将制冷系统末端安装在网络机柜前门，向机柜内送风并对设备制冷，从机柜后部出风，其中图 7.2-5 为采用水冷前门空调的机房实物。

　　水冷前门空调可针对 IT 设备进行精准送风，气流均匀，制冷效率高，不产生局部热点；同时可提升冷空气利用效率，将制冷区域压缩到机柜内部，明显降低空调环境负荷，节约空调能耗，且相邻机柜内部相通，形成冷量共享的冷池称之为微型冷通道结构，冷源贴近热源，没有冷量散失；另外水冷前门替代前门，不占用单独的空间，可使装机率提高20％左右。

图 7.2-5　数据中心水冷前门空调机房

3）水冷列间空调

　　水冷列间空调是空调前部出风，水平吹向两侧机柜，经过机柜前门并对设备制冷后，经机柜后门再回风到空调后部，其中图 7.2-6 就是采用水冷列间空调的机房实物。

图 7.2-6　数据中心水冷列间空调机房

水冷列间空调紧靠机柜，气体输送距离短，风机功率小，封闭冷通道部署方式，优化气流组织，减少混风损失。此外，由于机柜分布空调之间利于布放大功率 IT 设备，同时可进行非标机柜改造，扩容便易，可以满足客户定制化需求。

热管背板空调的输配系数为 76.92，水冷前门空调的输配系数为 31.25，水冷列间空调的输配系数为 26.32。此外，IDC 机房空间利用率可提升 13%～25%，通过对服务器的温度、功耗、风量等数据进行采集和分析处理，对风机转速进行智能控制，实现冷量按 IT 设备所需进行供给，解决空调末端控制不准确的技术难题。

（3）节能运行控制策略

1）余热回收技术

呼和浩特地区年平均气温仅为 5.4℃，冬季采暖期较长（每年 10 月至次年 4 月）。该数据中心采用高温水源热泵机组，如图 7.2-7 所示，收集机房模块 IT 设备产生的热量，经由热泵机组做功后，水温达到 50～60℃，将热量传递至热水及采暖系统，保证了机房的供暖需求，实现整个生活园区余热回收利用；同时，冷水降温后重新回到机房为 IT 设备制冷。高温水源热泵的应用将使数据中心 IT 设备的余热资源得到最大限度的利用，创造出极大的经济价值，开创出一条节能降耗的新途径。

图 7.2-7　数据中心高温水源热泵

余热回收技术利用高温水源热泵替代传统加热锅炉，取得极好的环保效应和经济效应，防止了燃煤锅炉的废气、废渣对环境的污染，实现 10 万 m² "零供热、零采暖费用"。按照目前园区建设投产情况，每年可节省供热费用约 103.4 万元。

2）机房间制冷系统连通运行

B01 与 B02 两个制冷站采用互相连通的设计，可共享冷源，不但系统冗余能力增强，在实际应用中更可以有效减少两个制冷站制冷系统设备（冷机、板换及水泵）开启的数量。

B01、B02 机房楼在负载较小的情况下，以两个制冷站母联运行，如图 7.2-8 所示，仅开启一套制冷系统即可满足制冷需求为例，与两个制冷站各开启一套制冷系统进行对比，预计节能 20％左右。母联运行不仅节能降耗，还可增强制冷系统的冗余能力。

图 7.2-8　数据中心制冷站母联运行

3）数据中心制冷系统"3I"智能化控制系统

中国移动（呼和浩特）数据中心制冷系统拥有大小水泵 78 台、阀门 3000 余个，水路管网上万米，制冷系统的可靠运行对于数据中心至关重要。在制冷系统倒换或制冷模式切换时，涉及大量制冷设备启停、阀门切换、设备轮巡等操作，依靠人工则会出现工作量大、操作失误增多的问题，迫切需要一套智能化控制系统对制冷系统运行方式进行管理。

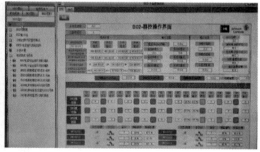

图 7.2-9　数据中心制冷控制 BA 系统效果图

根据系统设计、数据积累、冷源设备特性综合分析，开发实现智能切换（I-Switch）、智能调节（I-Adjust）、智能选择（I-Choice）的"3I"智能化控制逻辑，其中图 7.2-9 是数据中心制冷系统的智能化控制系统效果图。控制主逻辑包括 7 项：模式切换、冷机加减机条件、启动/停止的联锁保护控制、故障模式下控制、蓄冷罐控制、循环水泵循环控制、冷却塔控制，精确控制设备加减载、故障自动切换，自动选择最佳制冷模式，最大程度使用自然冷源，有效降低水冷系统安全运行风险和运行能耗。

（4）冷却水智能处理系统

中国移动（呼和浩特）数据中心带载庞大的冷却水系统，包含 29 类设备，3000 多个阀门，上万米管路，如图 7.2-10 所示，随着运行负载的增加，冷却水系统逐渐凸显出结垢、腐蚀、微生物黏泥三大问题，严重影响设备的换热效率。

图 7.2-10　数据中心制冷站系统效果图

为提升制冷效率，数据中心对冷却水处理设备进行智能化改造，如图 7.2-11 所示，主要技术包含：自动化应力控制策略、设备智能化改造、研发药剂投加方案、数据远程分析，实现药剂示踪检测与主控参数的自动上传；通过药剂示踪实时监测反馈来控制投加量，实现按需闭环控制，在流程控制上实现了排污与加药控制联动互锁功能。

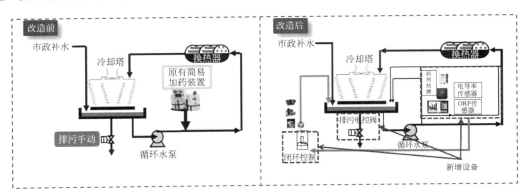

图 7.2-11　数据中心冷却水智能处理系统示意图

将冷却水系统加压装置智能化改造后，水质控制各项指标均达到国标对冷却循环水的控制要求，管路结垢情况控制良好，板式换热器运行更加稳定，特别是电导率指标控制在 $1720\mu S/cm$，浓缩倍数稳定控制在 3.0 以下，耗水量下降 17.8%，数据中心冷却水系统小温差稳定控制在 1.4℃，有节能效果。

7.2.3　测试数据

（1）能源计量器具配备情况

该数据中心参考《数据中心资源利用第 3 部分：电能能效要求和测量方法》GB/T

32910.3-2016 标准、《用能单位能源计量器具配备和管理通则》GB 17167-2006 标准，配备进出用能单位电力能源计量器具、管理制度齐全。

搭建"全面监测、集中管理、系统调控"的数据中心基础设施管理平台，通过动力环境、能源管理、建筑设备、安全技术防范等功能模块，实时监测机电系统的工作状态，归集、分析各系统运行数据，并根据控制逻辑及策略对主要耗能设备进行节能控制，保证系统在高效率、低能耗状态下稳定运行。数据中心能耗监测点示意图见图 7.2-12。

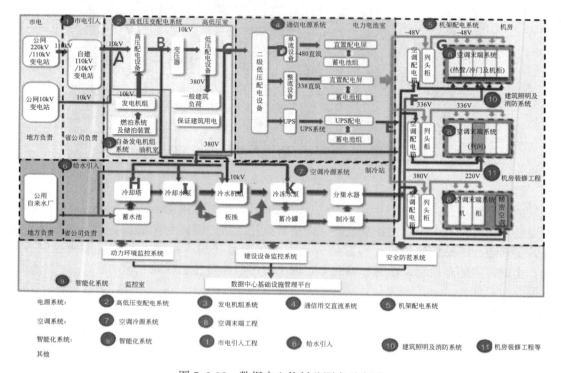

图 7.2-12　数据中心能耗监测点示意图

数据中心能耗监测点参照《数据中心资源利用第 3 部分：电能能效要求和测量方法》GB/T 32910.3-2016 要求设置，对数据中心及其子系统耗电进行测量，包括测量范围、测量点的选择、测量参数的处理和测量设备要求等。图 7.2-12 中，测量点分为 A～K 类。

因为大多数数据中心负载电功率特性为非恒定功率，所以用电量数据的标准取得方法是使用电能计量仪表统计的方式，而不是使用功率表以抽样法测量的方式获得。数据中心制冷能耗是数据中心除信息设备能耗外最大的能耗，也是影响 PUE 和制冷系统能效的最重要因素，由于数据中心制冷能耗存在季节性波动，所以 PUE 和制冷系统能效统计以一年为一个标准周期。

数据中心电能能效统计范围包括 GB/T 2887-2011 中规定的主要工作房间和第一类辅助房间，不包括第二类辅助房间和第三类辅助房间。

在以下位置安装设置电能计量仪表或选为测量点（图 7.2-12）：

1）数据中心总电能消耗的测量位置为高压进线侧（图 7.2-12 中 A 点）。

2）数据中心信息设备电能消耗的测量位置应为 IT 负载供电回路（图 7.2-12 中 G 点）。

3) 制冷系统能耗测量点包括冷却塔、冷却水泵、冷水机组、冷水泵等（图 7.2-12 中 H、I、J、K 点）。

4) 制冷系统空调末端能耗测试点包括各类空调末端（图 7.2-12 中 F 点）。

5) 当进行标准能效测量（1 年）且数据中心设有柴油发电机时，所有柴油发电机馈电回路的电能。

具体测量的条件要求如下：

1) 测量时机房内温湿度、照度符合 GB/T 2887-2011 中相关要求。

2) 充分利用设计已有的配电设施和低压配电监测系统。

3) 仪表采样周期宜为 30 min。

4) 建设能效管理系统，实现对能耗数据的统计、分析和能效指标的自动计算。

（2）能效测试情况

本次数据中心冷却系统能效分析，选取 2018 年 7 月 1 日～2019 年 6 月 30 日为统计周期，统计周期为完整 1 年，选取 B01 机房和 B02 机房为分析对象。其测试数据可见表 7.2-1。

B01、B02 机房的电量统计测试数据　　　　　　　　表 7.2-1

月份	机房	设计 IT 负荷(kW)	负荷率	月度总电量 (kWh)	月度 IT 电量(kWh)	月度制冷系统电量 (kWh)	PUE	制冷系统能效 COP
2018 年 7 月	B01	15857	16.15%	5463194	3689929	1190283	1.48	3.10
	B02	14852						
2018 年 8 月	B01	15857	26.77%	8937952	6117128	1809493	1.46	3.38
	B02	14852						
2018 年 9 月	B01	15857	29.32%	9045015	6483547	2005081	1.40	3.23
	B02	14852						
2018 年 10 月	B01	15857	17.29%	5466862	3949359	876152	1.38	4.51
	B02	14852						
2018 年 11 月	B01	15857	27.85%	8090533	6158548	982375	1.31	6.27
	B02	14852						
2018 年 12 月	B01	15857	32.03%	9282465	7317632	977986	1.27	7.48
	B02	14852						
2019 年 1 月	B01	15857	35.05%	10215875	8008092	1032329	1.28	7.76
	B02	14852						
2019 年 2 月	B01	15857	39.99%	10558746	8253430	1084716	1.28	7.61
	B02	14852						
2019 年 3 月	B01	15857	32.58%	9797431	7443088	1200912	1.32	6.20
	B02	14852						
2019 年 4 月	B01	15857	38.64%	11736463	8544497	2025210	1.37	4.22
	B02	14852						

月份	机房	设计 IT 负荷(kW)	负荷率	月度总电量(kWh)	月度 IT 电量(kWh)	月度制冷系统电量(kWh)	PUE	制冷系统能效 COP
2019 年 5 月	B01	15857	37.64%	12216672	8600584	2516751	1.42	3.42
	B02	14852						
2019 年 6 月	B01	15857	39.12%	12282661	8650393	2646569	1.42	3.27
	B02	14852						
全年			30.93%	113093869	83216227	18347857	1.36	4.54

由表 7.2-1 可知，全年总用电量为 113093869kWh，IT 设备总用电量为 83216227kWh，制冷系统总用电量为 18347857kWh，IT 负荷率为 30.93%。

1）数据中心冷却系统全年能效

数据中心冷却系统全年能效等于 IT 设备总用电量/制冷系统总用电量，即 83216227kWh/18347857kWh=4.54。

2）数据中心的全年 PUE 值

数据中心的全年 PUE 值等于数据中心全年总用电量/IT 设备总用电量，即 113093869kWh/83216227kWh=1.36（设计满载 PUE 值为 1.35）。

7.2.4　小结

该数据中心位于内蒙古呼和浩特市和林格尔新区。该数据中心采用了集中式水冷系统，由高压冷水机组、冷却塔、板式换热器及新型空调末端组成。

在硬件系统上，该数据中心一方面依托板式换热器、冷却水泵、冷却塔的组合，合理利用内蒙古寒冷、干燥的气候特点，大幅度利用室外免费冷量；另一方面利用热管背板、水冷前门、水冷列间这三种新型空调末端制冷技术，提升机房内的冷量输配系数。在运行管理上，该数据中心不仅利用智能化控制系统不断优化运行策略，且采用多机楼共用冷站的运行模式提升冷站系统负载率从而提高能效。另外，还采用了余热回收技术综合利用数据中心的热量。

通过测试计算，该数据中心的冷却系统全年能效 COP 为 4.54，全年 PUE 为 1.36。

7.3　中国联通深汕云数据中心

7.3.1　数据中心简介

中国联通深汕云数据中心（又称腾讯鹅埠数据中心 1 号楼）位于广东省汕尾市海丰县深汕合作区。该数据中心总建筑面积约 1.2 万 m^2，共 2 层，单层约 6000 m^2；数据中心共有 936 个机架，单机架设计功率为 6.5kW，单机架年平均功率为 3.91kW。2017 年 7 月正式投入运营。

其中，第一层主要有模块机房 101 和 102、冷冻站、高低压配电房、油机房及油机配电房、监控中心、拆箱区以及其他配套用房；第二层有模块机房 201、202、203、

图 7.3-1　中国联通深汕云数据中心外景

204、205，传输机房，办公区，仓库；冷却塔、水箱、空调室外机和假负载均设置在屋顶。

该数据中心采用了腾讯先进的微模块架构。供配电侧：1 路由市电交流直供，1 路通过高压直流供电；制冷侧：全部由冷水型列间空调供冷，$N+1$ 模式，封闭冷通道。

7.3.2　冷却系统概述

（1）系统形式介绍

该数据中心采用水冷型集中式空调系统，冷冻站设置在一层。冷冻站内设置冷水主机、循环水泵及相关附属设施（水处理器、自动补水排气定压机组、软化水系统等）。为提高部分负荷性能指标，冷水主机采用变频机组，且冷却水泵、冷水泵、冷却塔风机也均采用变频设备。

冷水干管采用 2N 结构，从冷水机组引两路干管到每个楼层；保证任意一套干管故障，不影响机房空调系统的运行。在每层楼的空调机房，采用双管路方式，每个模块机房的供回水管分别连接到两套供回水管网上，保证管网任意一点故障时，不影响模块内空调的正常运行。

系统设置一套应急蓄冷系统，采用并联充放冷模式，市电中断后，在油机启动及冷水机组恢复运行的这段时间内，空调系统实现不间断供冷（冷水泵、空调末端风机均由 UPS 保证电源）。

模块机房供冷主要采用冷水行间空调，近端送风、按需送风。管路布置在微模块下方，微模块底座高度为 250mm，见图 7.3-2～图 7.3-4。

163

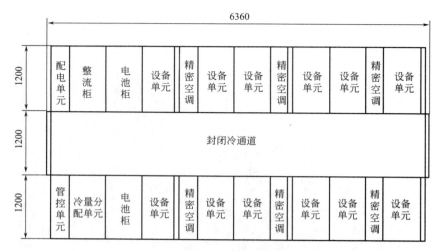

图 7.3-2 R12 微模块平面图

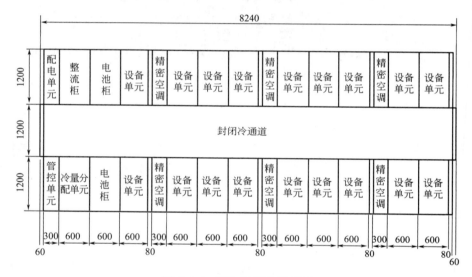

图 7.3-3 R18 微模块平面图

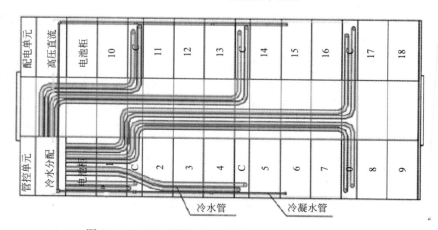

图 7.3-4 R18 微模块水内部管路布置图（R12 类似）

传输机房负载较小，为适应运营商传输设备外形，采用地板下送风模式，如图 7.3-5 所示。

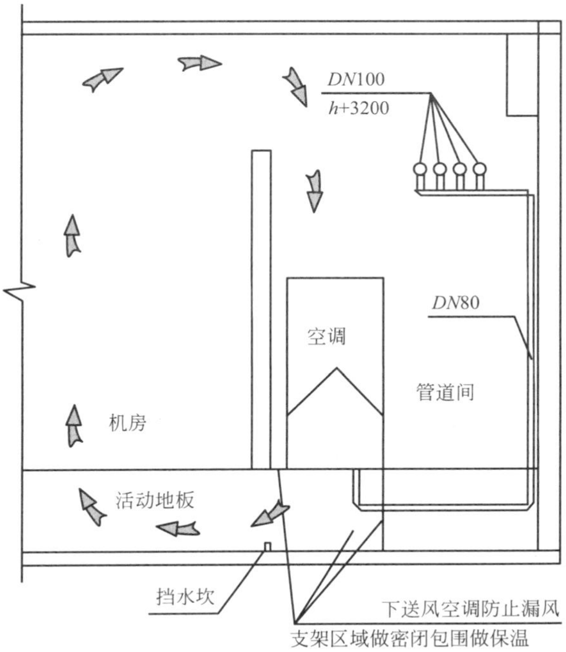

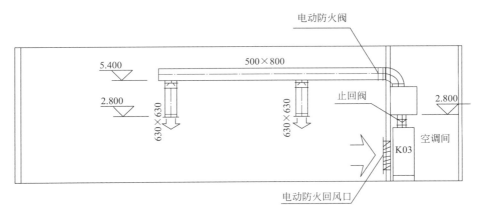

图 7.3-5　传输机房气流组织图

数据中心的配电房供冷采用风管精确送风模式，避免局部发热设备堆积热量，如图 7.3-6 所示。

图 7.3-6　配电房气流组织图

（2）节能运行控制策略

1）精细化管理：定期导出动环监控的数据，如主要制冷设备功率/用电量、实时/累计 PUE、冷机 COP、主干管水温、变频设备运行频率、风机转速、冷通道温度场等，发现问题并持续改进。

2）冷却水系统：冷却塔——在冬季室外湿球温度过低的情况下，设定出水温度最低值进行变频调节风扇转速；夏季可以多开一台冷却塔，以降低冷却水水温，提高变频冷机的 COP。冷却水泵——通过控制冷却供回水温差值变频调节电机转速。

3）冷水系统：冷水主机——适当提高冷水的出水温度，保证末端供冷的前提下，可以降低冷机功耗；变频冷机在部分负荷下优先降低电机转速，COP 明显高于定频冷机（定频冷机调节导流叶片开度）。冷水泵——通过调节支管压差（最不利环路）控制水泵转速，可以迅速匹配末端负载变化。

4）空调末端：设定出风温度值，通过自动调节水阀开度保证冷通道的温度；设定送回风温差值，通过自动调节风机转速保证设定的冷热通道温差，避免不必要的送风量。尽量提高冷通道的温度，减小围护结构的损耗，提高换热效率。

5）独立湿度控制：采用独立的加湿除湿设备，控制水温在露点温度以上，避免频繁加湿除湿循环。

6）定期进行基础设施维护保养，如电机加润滑油、冷却塔更换皮带、冷却水定期加药、检查在线管刷、清洗空调过滤网等。

7）冷水泵 UPS 的节能策略：采用 ECO 运行模式，减少整流逆变的能源转换过程。

7.3.3　测试数据

该数据中心在 2018 年 10 月 1 日 00：00：00 至 2019 年 10 月 1 日 00：00：00 期间对机房内能耗进行了测试，详细情况如下。

（1）IT 设备能耗

1）IT 机房机柜分布情况

IT 机房机柜分布情况如下：101 为预留机房，目前空置；102、201、202、203、204、205 机房一共部署 44 个 R18 微模块和 12 个 R12 微模块，合计 936 个 IT 机柜；传输机房：4 个直流列头柜输出。

2）监测点位说明

R18（单个微模块含 18 个 IT 机柜），IT 测量点位如图 7.3-7 所示。

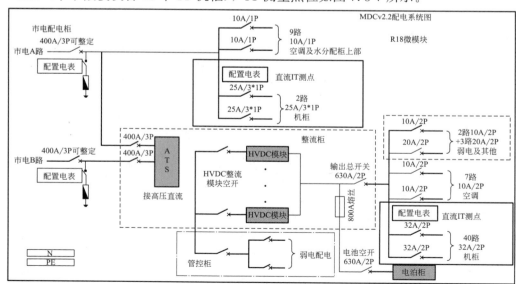

图 7.3-7　R18 微模块配电架构图

R12（单个微模块含 12 个 IT 机柜），IT 测量点位如图 7.3-8 所示。

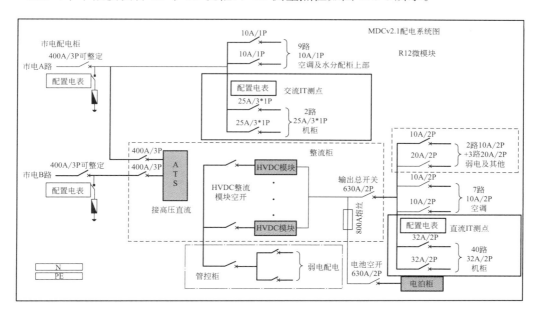

图 7.3-8　R12 微模块配电架构图

3）IT 设备按月用电数据

通过以上监测点位对机房内 IT 设备的监测，获得了每月 IT 设备的用电量，详细情况可见表 7.3-1。

IT 设备能耗监测数据（单位：kWh）　　　　　　　　　　表 7.3-1

时间	102	201	202	203	204	205	传输机房	小计
2018 年 10 月	451588.7	525352.3	317728.9	792911.0	71236.4	12336.3	8761	2179914.6
2018 年 11 月	443055.2	534013.5	463912.9	926793.2	87295.4	15954.9	9220	2480245.1
2018 年 12 月	456601.5	554180.0	534395.2	1024766.6	101113.1	18501.7	8678	2698236.1
2019 年 1 月	458228.5	557273.7	543101.7	1037873.6	113006.2	29998.5	11145	2750627.2
2019 年 2 月	401963.8	488470.0	482641.7	913154.7	109717.6	34440.0	12427	2442814.8
2019 年 3 月	451006.7	548291.0	538662.4	1023995.7	132872.3	43494.4	13860	2752182.0
2019 年 4 月	432499.0	527622.3	518207.5	976164.2	140021.2	44614.5	11849	2650977.7
2019 年 5 月	459823.9	554843.6	556706.8	1055109.2	155309.6	54199.5	13406	2849398.6
2019 年 6 月	443696.8	537453.9	551882.0	1032925.7	154950.6	67888.4	15840	2804637.2
2019 年 7 月	469079.7	563903.4	577509.2	1082921.2	166785.7	73552.5	16767	2950518.9
2019 年 8 月	464982.1	558695.6	562113.7	1057521.8	158909.9	73348.9	16523	2892095.0
2019 年 9 月	443065.6	534469.2	542051.5	1003868.1	160352.3	66615.0	16220	2766641.7
全年	5375591.5	6484568.5	6188913.5	11928004.5	1551570.5	534944.4	154696	32218288.9

（2）冷却系统能耗

1）冷却系统设备类型

主要有冷冻站主设备：冷水主机、冷水泵、冷却泵、冷却塔；冷冻站附属设备：冷却水处理设施、定压补水系统、补水泵；UPS 带载部分：群控、冷水主机油泵、控制屏、电动阀、DDC；末端空调：微模块列间空调（312 台冷水型）、高低压配电室空调（14 台，其中 4 台风冷型，10 台冷水型）、传输机房空调（6 台，其中 4 台冷水型主用，2 台双冷源型备用）、除湿机（18 台）。

2）监测点位说明

冷水主机、冷却泵、冷却塔测点数据取自低压柜输出柜。

冷水泵测点数据取自 UPS 输出柜（主路）及低压柜输出柜。

微模块列间空调电能的测点数据取自微模块列头柜的多回路交流监控板/高压直流监控板，检测每个支路的电流、电压及电能，见图 7.3-9。

图 7.3-9　列间空调用电量测点
注：序号 1～6 是空调交流侧用电

其他测点数据取自各配电箱的输入端（前期设计阶段已经考虑单独计量冷却系统的用电量，故直接在动环系统导出对应配电箱的电能数据即可）。

3）冷却系统按月用电量数据

通过冷却系统各测点对设备的监测，可获得如表 7.3-2 所示的能耗数据。

冷却系统能耗监测数据（单位：kWh）　　　　　　表 7.3-2

时间	冷冻站主设备	冷冻站附属设备	UPS 带载冷却设备	列间空调、精密空调及除湿机	小计
2018 年 10 月	405519	968.0	620.8	107085.4	514193.2
2018 年 11 月	430101	956.6	352.9	99362.0	530772.5
2018 年 12 月	377137	925.3	796.0	95697.7	474556.0
2019 年 1 月	370266	903.9	988.1	89896.5	462054.5
2019 年 2 月	380160	844.5	451.6	83434.8	464890.9
2019 年 3 月	403017	949.5	390.4	84482.3	488839.2
2019 年 4 月	434052	1530.3	215.6	85918.8	521716.7
2019 年 5 月	497290	2636.6	310.1	91458.7	591695.4
2019 年 6 月	538557	3229.1	313.1	102492.7	644591.9
2019 年 7 月	558535	3394.1	187.7	109759.0	671875.8

续表

时间	冷冻站主设备	冷冻站附属设备	UPS 带载冷却设备	列间空调、精密空调及除湿机	小计
2019 年 8 月	546801	3352.2	431.6	106510.4	657095.2
2019 年 9 月	491502	3004.3	644.4	93614.7	588765.4
全年	5432973	22694.4	5702.3	1149713.0	6611046.7

（3）数据中心冷却系统全年能效（IT 设备总能耗/冷却系统总能耗）

通过表 7.3-1 和表 7.3-2 可知，该数据中心在 2018 年 10 月 1 日 00：00：00 至 2019 年 10 月 1 日 00：00：00 期间，IT 设备的总能耗为 32218288.9kWh；冷却系统的总能耗为 6611046.7kWh。因此，冷却系统全年能效 COP 等于 IT 设备总能耗/冷却系统总能耗，即 $COP=322182889kWh/6611046.7kWh=4.87$。

（4）数据中心全年 PUE 值

测量位置：参考《数据中心资源利用第 3 部分：电能能效要求和测量方法》GB/T 32910.3-2016 第 7.3 节，如图 7.3-10 所示。

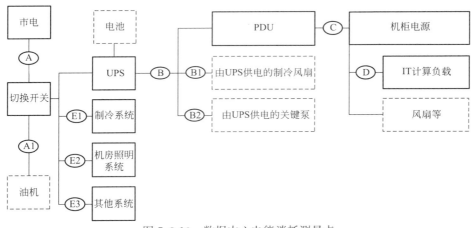

图 7.3-10　数据中心电能消耗测量点

数据中心总能源消耗：$A+A1$。

数据中心信息设备电能消耗（不含高低压配电损耗）：D。

该数据中心的 PUE 统计值，如表 7.3-3 所示。

全年 PUE 统计值　　　　　　　　　　　　　　　　　表 7.3-3

时间	总用电量(kWh)	IT 用电量(kWh)	PUE
2018 年 10 月	2924585.0	2179914.6	1.342
2018 年 11 月	3275300.0	2480245.1	1.321
2018 年 12 月	3470100.0	2698236.1	1.286
2019 年 1 月	3517100.0	2750627.2	1.279
2019 年 2 月	3181900.0	2442814.8	1.303
2019 年 3 月	3559200.0	2752182.0	1.293

续表

时间	总用电量(kWh)	IT 用电量(kWh)	*PUE*
2019 年 4 月	3477300.0	2650977.7	1.312
2019 年 5 月	3767280.7	2849398.6	1.322
2019 年 6 月	3759993.7	2804637.2	1.341
2019 年 7 月	3941553.8	2950518.9	1.336
2019 年 8 月	3870293.5	2892095.0	1.338
2019 年 9 月	3655563.2	2766641.7	1.321
全年	42400169.9	32218288.9	1.316

7.3.4　小结

该数据中心位于广东省汕尾市海丰县，单机架设计功率为 6.5kW，单机架年平均功率为 3.91kW。采用腾讯微模块为末端的水冷冷水型集中式空调系统。

该数据中心利用微模块的结构，以列间空调提升机房内冷量输配系数；一方面通过小空间密闭及较高的单机柜发热量减少冷热掺混，从而降低从芯片至冷水的温差；采用 12℃/18℃ 的冷水减少冷水与冷却水的温差，结合广泛采用的变频设备、60% 的实际负载率、精细化的管理，提升了冷源系统的运行能效。

通过测试计算，该数据中心冷却系统全年能效 *COP* 为 4.87，全年 *PUE* 为 1.316。

7.4　廊坊华为云数据中心

7.4.1　数据中心简介

廊坊华为云数据中心位于河北省廊坊市区以北 7km。该数据中心共 54000m²，分三期建设并采用分期建设分期投入运行的原则，目前三期已全部完成建设并投入使用。图 7.4-1 为该数据中心的示意图。

图 7.4-1　廊坊华为云数据中心示意图

该数据中心共部署了 4266 个 IT 机柜，IT 机柜设计功率为 31212kW。其中，三期部署了 IT 机柜 1548 个，单柜功率密度为 8kW，IT 机柜设计功率为 11664kW。为提升冷却系统运行能效，该数据中心采用华为 iCooling 能效优化解决方案，利用人工智能，建立能耗与负载、气候条件、设备运行数量等可调节参数间的机器学习模型，在保障设备、系统可靠的基础上，实现能耗降低。

7.4.2　冷却系统概述

（1）系统形式介绍

该数据中心采用冷水制冷系统，空调系统的总冷负荷为 14034 kW（3990RT）。空调系统的冷冻站主要由 5 台 380 V 离心冷水机组（1100RT）及 5 个板式换热器组成，均 4 用 1 备，供回水温度分别为 13℃/19℃，采用一次泵形式。冷水、冷却水管道系统均采用环路布置，确保系统单点故障不影响其他部分的正常运行。为保证冬季冷却水免费供冷时冷却塔的安全可靠运行，冷却塔配置集水盘电加热等防冻功能。室内侧采用的是冷水空调。

中温冷水系统在过渡季节和冬季采用冷却水自然冷却和部分冷却水自然冷却的运行方式，以达到节能运行的目的。在群控模式下，主要根据冷却水的出水温度（T_{cws}）和室外空气湿球温度（T_s）判断采用哪种运行工况：

主要根据冷水的出水温度（T_{chws}）、冷却水的出水温度（T_{cws}）和室外空气湿球温度（T_s）判断采用哪种运行工况：

1）$T_{cws} \geq 18℃$ 时，采用冷水机组制冷模式。

2）$T_{cws} \leq 12℃$ 时，采用冷却水自然冷却模式，冷水主机停止运行，冷却水通过板式换热器换热后直接供冷。

3）$12℃ < T_{cws} < 18℃$ 时，采用部分冷却水免费供冷模式，冷却水和冷水先经过板式换热器换热后再进入冷水机组制冷运行。

（2）末端装置

采用了行级制冷空调 LCU，如图 7.4-2 所示。其中，包含一些高效部件可降低能耗，比如，选用 EC 风机：直流驱动，可免维护运行，且 30%～100% 无级调速，比传统 AC 风机节能 30%；水阀：可根据热负荷变化，连续调节冷水流量，精确控制温度；换热器：应用场协同原理，优化流场与温度场，发挥换热器极致性能；电源模块：高效风机电源模块，效率高达 93%，进一步降低能耗。

此外，还对冷/热通道进行密闭，将冷热气流隔离，更有利于机房内气流流动，使得机房垂直温升仅 1℃，消除了顶端热点风险。

（3）iCooling 系统

iCooling 系统基于人工智能的数据中心能效优化技术，是通过对大量数据的业务分析、清洗，利用机器学习，探索影响能耗的关键因素，形成一套可对耗能进行预测、调优的模型，并将上述模型应用到实践体系中，通过规范化的实践引导和目标导向评测，不断调整优化，获取均衡 PUE。

该系统采用 AI 原理、AI 算法框架、AI 部署运行框架、构建深度神经网络 DNN、AI 服务节点需求。

图 7.4-2　行级制冷空调示意图

1）AI 原理

基于制冷需求的 PID 控制，可以满足部分场景的需求，但由于 BMS 系统在进行控制时，往往事先写入曲线、逻辑控制策略，而对于变化的场景，特别是对于 IT 负载变化的场景，此类控制系统往往无法感知。因此，在实际的控制过程中，往往只能在特定的负载区间变现出一定的调试性能，当进入到实际工作中，整个数据中心的效能往往无法保障最优。

针对此类系统，需要找到一种新的控制算法，来达成整体最优。大数据、人工智能成为能效优化的一个探索方向。使用历史数据训练神经网络，输出预测的 PUE 以及 PUE 与各类特征数据的关系，指导 DC 根据当前气象、负载工况，按预期进行对应的优化控制，实现节能目标。

一般来说，基于大数据的分析具有如下的几个步骤：

数据采集：采集冷冻站、末端空调及 IT 负载等系统的相关运行参数。

数据治理：利用自动化治理工具，对参数进行降维、降噪、清洗等处理。

特征工程：利用数学工具，对治理完成后的表格进行相关性分析，找出与 PUE 相关的关键参数，含控制因子、环境因子及过程因子。

模型训练：利用 DNN 算法，训练出 PUE 模型（预测精度要求不低于 99.5%，误差不超过 0.005）。

推理决策：将预测以及决策模型发布到集控系统中，以在线给出可以调优的决策模型。

2）构建深度神经网络 DNN

神经网络是一类机器学习算法，它模拟神经元之间相互作用的认知行为。针对数据中心制冷效率提升瓶颈，采用神经网络，利用机器学习算法可以找到不同设备、不同系统间

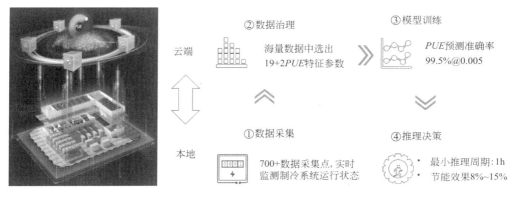

②数据治理
海量数据中选出
19+2PUE特征参数

③模型训练
PUE预测准确率
99.5%@0.005

云端

本地

①数据采集
700+数据采集点,实时
监测制冷系统运行状态

④推理决策
· 最小推理周期:1h
· 节能效果8%~15%

图 7.4-3　AI 原理流程图

的参数的关联关系,利用现有的大量传感器数据来建立一个数学模型,理解操作参数之间的关系,从而找到最优的参数。

神经网络拥有输入层、输出层以及多个隐含层,输入的特征向量通过隐含层变换达到输出层,在输出层得到分类结果。多层感知机可以摆脱早期离散传输函数的束缚,使用 sigmoid 或 tanh 等连续函数模拟神经元对激励的响应,多使用反向传播 BP 算法训练。

考虑到数据中心制冷系统的复杂性,需要采集制冷系统的电能数据、制冷系统运行参数、环境系数等并进行数据分析。找到系统的特征值,并利用特征值组织 DNN 网络,如图 7.4-4 所示:

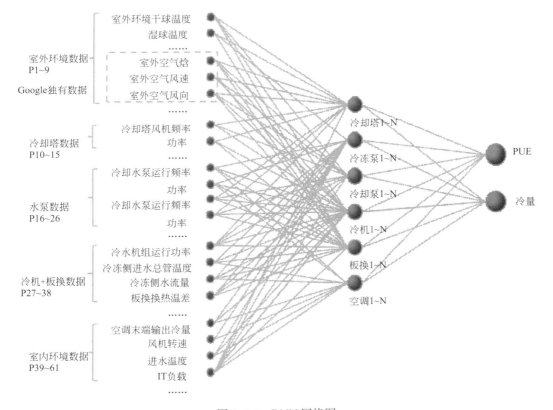

图 7.4-4　DNN 网络图

3）AI算法框架

AI算法分数据获取、模型、算法框架、管理组件、智能服务以及应用集成几个部分，如图 7.4-5 所示：

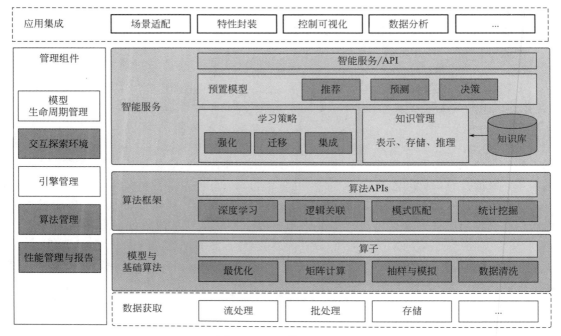

图 7.4-5　AI算法流程图

数据获取：主要是实现数据采集、处理与存储。

模型与基础算法：主要解决大数据的抽样、清洗，获取最优的算子，支持模型的快速求解。

算法框架：主要根据逻辑关联，选择机器学习的算法，进行模式匹配，找到适用性的求解。

管理组件：主要是根据模型的演进，对模型的生命周期进行管理，如发布新的模型、模型的回退，支持强化学习后模型的演进。

智能服务：主要是对推理模型进行预置，实现模型的推荐、预测以及对可调参数的决策，在实际的运行过程，通过决策系统获得可以调节的参数组。

集成服务：主要解决 AI 服务的可视化，不同制冷系统的场景适配以及对数据过程分析、控制效果进行可视化。

4）AI部署运行框架

AI提供训练、推理平台，都可以使用云部署方式，推理平台（承载模型）可以独立于管理系统部署到物理机或者云端，也可与管理系统同机部署；训练平台单独部署，AI部署运行框架流程图见图 7.4-6。

5）AI服务节点需求

主要是将 AI 的服务按照 PaaS 与 SaaS 进行分层部署。具体的服务部署方案如图 7.4-7 所示。

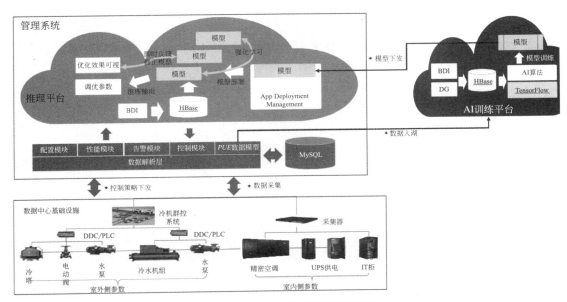

图 7.4-6 AI 部署运行框架流程图

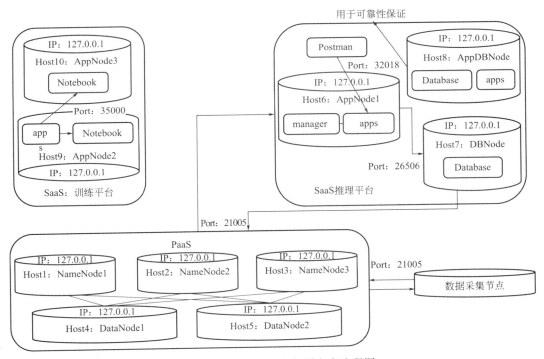

图 7.4-7 AI 服务节点部署方案流程图

PaaS：主要是进行大数据的存储、清洗、计算。

SaaS：训练平台，主要是进行预测模型与业务模型的拟合。

SaaS：推理平台，完成控制参数的寻优。

7.4.3 测试数据

该数据中心在 2018 年 9 月到 2019 年 8 月期间，对其能耗进行了测试。通过测试获得了 IT 设备和冷却系统的能耗数据，如表 7.4-1 所示，并对能耗数据进行分析，得出了该数据中心冷却系统全年能效和全年 PUE 值。

数据中心 2018 年 9 月至 2019 年 8 月期间的能耗数据　　　　　表 7.4-1

时间	总用电量（kWh）	IT 设备总用电量(kWh)	冷却系统用电量(kWh)	冷却系统能效 COP	PUE
2018 年 9 月	5503746.15	4138155	745540	5.55	1.33
2018 年 10 月	5491077.50	4392862	556196	7.90	1.25
2018 年 11 月	5413069.96	4365379	431758	10.11	1.24
2018 年 12 月	5633065.80	4542795	363243	12.51	1.24
2019 年 1 月	5736326.80	4626070	340728	13.58	1.24
2019 年 2 月	5092073.31	4139897	299578	13.82	1.23
2019 年 3 月	5947506.10	4875005	337856	14.43	1.22
2019 年 4 月	6130715.00	4944125	431570	11.46	1.24
2019 年 5 月	6696586.08	5191152	748340	6.94	1.29
2019 年 6 月	6652060.80	5039440	872848	5.77	1.32
2019 年 7 月	7018031.58	5237337	965810	5.42	1.34
2019 年 8 月	7020508.74	5278578	891964	5.92	1.33
全年	72334768.00	56770795	6985431	8.13	1.27

（1）数据中心冷却系统全年能效

数据中心冷却系统的全年能效等于 IT 设备的总耗电量与冷却系统的总耗电量之比。由表 7.4-1 可知，在 2018 年 9 月至 2019 年 9 月期间，IT 设备一年的总耗电量为 56770795kWh，冷却系统一年的总耗电量为 6985431kWh。因此，该数据中心冷却系统的全年能效等于 IT 设备总耗电量/冷却系统总耗电量，即 56770795kWh/6985431kWh＝8.13。

（2）数据中心的全年 PUE 值

数据中心的全年 PUE 值等于总耗电量与 IT 设备总耗电量的比值，其中，该数据中心总的耗电量从市电进线侧取值，IT 耗电量从 PDU 侧取值。由表 7.4-1 可知，在 2018 年 9 月至 2019 年 8 月期间，该数据中心一年的总耗电量为 72334768kWh。所以，该数据中心从 2018 年 9 月到 2019 年 8 月，一年的全年 PUE 等于总耗电量/IT 设备总耗电量，即 72334768kWh/56770795kWh＝1.27。

7.4.4 小结

该数据中心位于河北省廊坊市，采用冷水制冷系统。

该数据中心应用板式换热器、冷却水泵、冷却塔的组合利用室外免费冷量；采用 13℃/19℃冷水提升室外免费冷量的利用范围；利用冷热通道封闭及列间空调的措施提升机房内冷量输配系数；在管理上利用华为数据中心智能管理系统（含 iCooling 节能）优化运行控制策略。

通过测试计算，该数据中心冷却系统全年能效 *COP* 为 8.13，全年 *PUE* 为 1.27。

7.5　中石油吉林数据中心示范机房

7.5.1　数据中心简介

中国石油吉林数据中心位于吉林省吉林市丰满区苍山路 666 号，是中国石油四大数据中心之一，运行中国石油各主营业务信息系统，是连接海内外业务的神经中枢，是重要业务系统的异地灾备数据中心。

该数据中心机房是一应用示范机房，也是一个新建数据中心机房，位于中石油数据中心园区一期工程机房楼，由原介质库和备品备件库改建而成，机房层高 5.8m，无架空地板；机房长 20.5m，宽 12.8m，占地面积 262m^2。

该应用示范机房一共设置 6 列机柜，总计 62 个机柜，总设计负载 290kW，每列机柜首尾配有列头柜和理线柜，机柜布局见图 7.5-1，实际机房照片如图 7.5-2 所示。其中 4 列为列间级机柜，共计 38 个机柜，单机柜发热功率为 3kW；另外 2 列机柜为机柜级共 24 个，其中单机柜发热功率为 6kW 的 12 个，单机柜发热功率为 8kW 的 10 个，单机柜发热功率为 12kW 的 2 个。

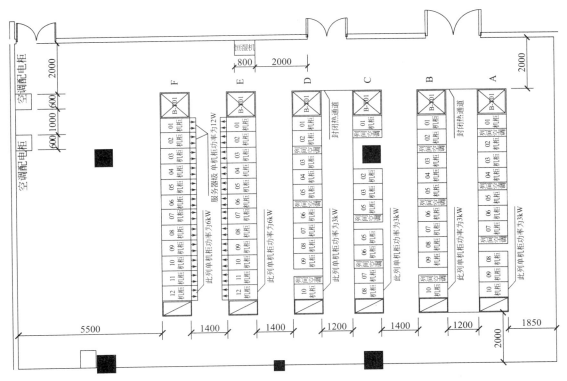

图 7.5-1　示范机房设备平面布局图

图 7.5-2　示范机房照片

7.5.2　冷却系统概述

（1）系统形式介绍

示范机房采用热管-蒸气压缩复合冷却系统实现机房制冷，该系统由两个热管循环和一个蒸气压缩循环串并联组成，主要包含蒸发器、中间换热器、热管冷凝器和空调冷凝器四个换热部件以及蒸发器风机、冷凝器风机和压缩机三个动力部件。其结构如图 7.5-3 所示，而图 7.5-4 为热管-蒸气压缩复合一体机实照。

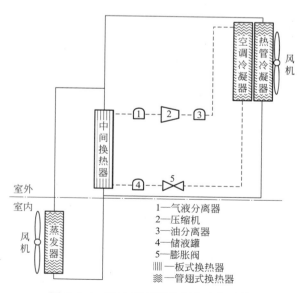

图 7.5-3　热管-蒸气压缩复合冷却系统

图 7.5-4　热管-蒸气压缩复合一体机照片

该系统包含外侧热管循环、中间热管循环及蒸气压缩循环三个换热循环。

外侧热管循环：由蒸发器、热管冷凝器、室内风机及室外风机构成的分离式热管循环，制冷剂在蒸发器内吸收机房热量气化，沿气管进入热管冷凝器液化，将热量排放到室外环境，液化后的制冷剂在重力作用下沿液管回流至蒸发器，完成一个循环，是热管-蒸气压缩复合冷却系统自然冷源利用的主要循环，当室外环境温度低于热管启动温度时，由该循环带走机房热量。

中间热管循环：由蒸发器、中间换热器和室内风机构成的分离式热管循环，制冷剂在蒸发器内吸收机房热量气化，沿气管进入中间换热器液化，将热量传递至蒸气压缩循环，是热管-蒸气压缩复合冷却系统主动制冷的环节之一。

蒸气压缩循环：由中间换热器、空调冷凝器、压缩机、膨胀阀、气液分离器、油分离器、储液罐和室外风机构成。工质完成蒸气压缩循环将热量从中间换热器传递至空调冷凝器，最终排放至室外环境，是热管-蒸气压缩复合冷却系统主动制冷的重要环节。

根据冷却尺度的不同，蒸发器的形式也不同。可以单独放置于机房对整个机房进行冷却；也可以列间空调的形式置于机柜之间形成列间级冷却方案；或以机柜背板的形式安装于机柜前后门上形成机柜级冷却方案。除了蒸发器外，其余所有设备形成一个室外机安装于机房外，与蒸发器通过上升管和下降管连接。

（2）系统运行模式

随着室外环境温度和机房 IT 负荷率的不同，热管-蒸气压缩复合冷却系统存在自然冷却、蒸气压缩以及复合制冷三种运行模式。系统在三种运行模式之间的切换不依赖于阀门，仅需控制压缩机的启停即可。

1）自然冷却模式

当室外环境温度足够低时，仅依靠外侧热管循环就能满足制冷需求，此时压缩机不启动。制冷工质在蒸发器中吸热气化，沿气管流至中间换热器和热管冷凝器，由于压缩机未启动，气态工质在中间换热器中无法放热冷凝，阻止中间热管循环的形成；而流至热管冷凝器的工质在室外风机的作用下冷凝放热，液化后的制冷工质沿着液管回流至蒸发器，形成自然冷却循环。循环示意图如图 7.5-5 所示。在自然冷却模式下，系统退化为一个分离式热管循环系统。

179

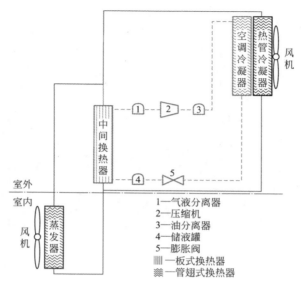

图 7.5-5　自然冷却模式示意图

2）蒸气压缩模式

当室外环境温度过高时，外侧热管停止循环，此时启动压缩机，制冷工质在蒸发器中吸热气化，沿气管流至中间换热器和热管冷凝器，由于室外环境温度高，气态工质在热管冷凝器中无法放热冷凝，气态工质将充满整个热管冷凝器，外侧热管循环自动停止。而流至中间换热器的工质将热量传递给蒸气压缩循环的制冷工质，最终在空调冷凝器排放到室外环境。循环示意图如图 7.5-6 所示。在蒸气压缩模式下，系统实际上是中间热管循环和蒸气压缩循环串联换热。

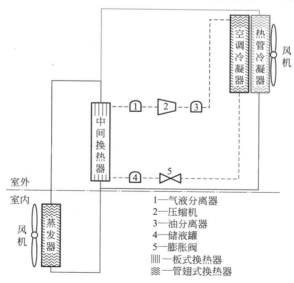

图 7.5-6　蒸气压缩模式示意图

3）复合制冷模式

当室外环境温度较低时，外侧热管循环启动，但制冷量又不足以满足机房需求，此时，系统根据室内制冷需求调节压缩机运行频率，用以补充外侧热管循环制冷量的不足。制冷工质在蒸发器吸热气化，沿气管流至中间换热器和热管冷凝器，气态工质同时在中间换热器和热管冷凝器完成热量传递和排放。循环示意图如图 7.5-7 所示。在复合制冷模式下，系统是一个较为复杂的串并联换热网络，中间热管循环与蒸气压缩循环串联换热，再与外侧热管循环并联换热。

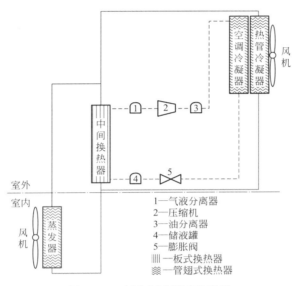

1—气液分离器
2—压缩机
3—油分离器
4—储液罐
5—膨胀阀
‖‖‖—板式换热器
≋—管翅式换热器

图 7.5-7　复合制冷模式示意图

（3）末端装置

该数据机房有 4 列机柜采用的是列间冷却形式，其列间级冷却系统示意图可见图 7.5-8；另外 2 列为机柜级冷却形式，1 列中低密度机柜级冷却，1 列高密度机柜级冷却，而机柜级冷却系统示意图可见图 7.5-9。

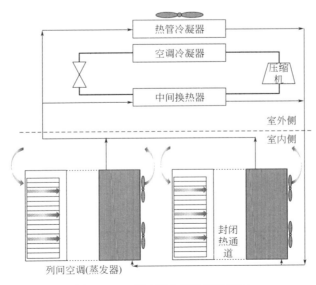

图 7.5-8　列间级冷却系统示意图

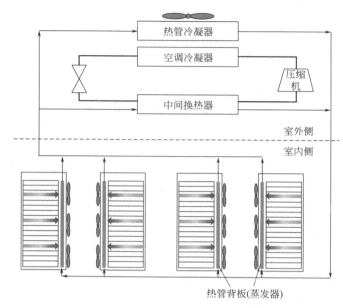

图 7.5-9　机柜级冷却系统示意图

7.5.3　测试数据

该示范机房分别在空调系统的输入端和不间断供电系统（UPS）的输出端安装电能计量仪表，用来测量 UPS 输出端电量（kWh）、市电输出端电量（kWh）和空调系统的输入端电量（kWh），如图 7.5-10 所示。在一定时间内，测试 UPS 输出端的耗电量、市电输出端耗电量和空调系统输入端的耗电量，并计算得到测试期间冷却系统的能效。

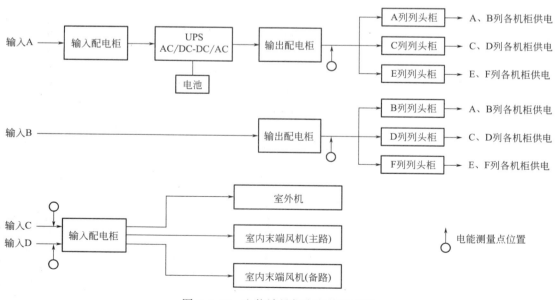

图 7.5-10　电能计量仪表安装位置图

此时，冷却系统的能效计算公式为：冷却系统能效＝（UPS 输出端耗电量＋市电输出耗电量）/空调系统输入端耗电量。

（1）测试仪器

测试所用仪器情况如表 7.5-1 所示。

测试用仪器情况　　　　　　表 7.5-1

仪器名称	型号规格	测量范围	测量精度/准确度等级
三相多功能电能表	DTSD1352-C	3×220/380V,3×380V	0.5S
电流互感器	AKH-0.66G	5～2000A	0.2S

（2）测试结果

根据以上测试方法获得了不同室外温度下冷却系统的能效，详细情况可见表 7.5-2，而图 7.5-11 则反映了该数据中心冷却系统能效随室外实测温度的变化。

测试数据　　　　　　表 7.5-2

实测室外温度(℃)	冷却系统能效	实测室外温度(℃)	冷却系统能效 COP
−11	43.75	11	7.72
−10	45.94	12	7.42
−9	41.87	13	6.53
−8	44.45	14	6.25
−7	43.44	15	5.67
−6	42.60	16	5.33
−5	42.71	17	5.10
−4	42.82	18	4.95
−3	42.44	19	4.81
−2	42.70	20	4.64
−1	41.34	21	4.51
0	36.92	22	4.48
1	37.64	23	4.35
2	34.12	24	4.30
3	23.17	25	4.21
4	16.44	26	4.04
5	14.30	27	3.92
6	12.45	28	3.88
7	11.90	29	3.95
8	10.40	30	3.82
9	9.62	31	3.82
10	8.12		

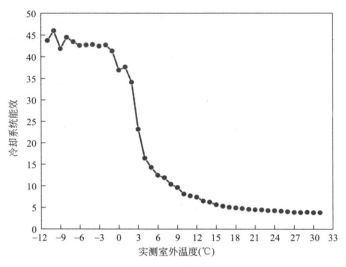

图 7.5-11　数据中心冷却系统能效曲线图

（3）冷却系统全年能效评估测算

冷却系统全年能效根据测试结果和吉林当地气象数据分段拟合计算，拟合原则如下：

1）根据逐时平均温度进行计算，低于−11℃的工况按−11℃计算；

2）上下波动 0.5℃按同一温度看待，例如，−0.5～0.5℃均看作 0℃计算。

根据吉林当地气象参数统计逐时平均气温处于不同室外环境温度范围内的小时数（数据来源 DeST），如表 7.5-3 所示。

冷却系统能效拟合计算值　　　　　　　　　　　　　　表 7.5-3

室外温度（℃）	小时数	室外温度（℃）	小时数
≤−11	1455	11	203
−10	140	12	191
−9	145	13	198
−8	167	14	200
−7	160	15	181
−6	156	16	245
−5	169	17	223
−4	175	18	239
−3	167	19	233
−2	167	20	237
−1	179	21	264
0	189	22	283
1	168	23	205
2	121	24	227.
3	120	25	183

室外温度(℃)	小时数	室外温度(℃)	小时数
4	119	26	171
5	150	27	171
6	166	28	92
7	180	29	93
8	156	30	71
9	174	31	55
10	183		

则冷却系统全年能效 COP 为

冷却系统全年能效 $COP = \dfrac{8760}{\sum_{i=-11}^{31} H_i \dfrac{1}{COP_i}} = 8.71$。式中：$i$ 为室外温度；H 为相应温度下的小时数；COP_i 为相应温度下的系统能效。

（4）数据中心的全年 PUE 值

数据中心的全年 PUE 值可根据公式：$PUE = 1 + 1/$冷却系统能效 $+$ 供电系统的损耗。

数据中心供电系统指的是从市电变压器、发电机组之后，包括 ATS 自动切换开关、配电系统、UPS、供电电缆等环节。因此，供电系统的损耗通常由 ATS 开关损耗、低压配电系统损耗、供电电缆损耗及 UPS 损耗组成。其中，ATS 开关损耗、低压配电系统损耗、供电电缆损耗很小，统计数据表明为 $1\% \sim 3\%$，可取中间值 2%，即 0.02。由于数据中心 UPS 的效率为 98.2%，因此 UPS 损耗就等于 1.8/98.2，即 0.0183。

因此，根据上述方法可知，全年 $PUE = 1 + 1/8.71 + 0.0183 + 0.02 = 1.15$。

7.5.4　小结

该数据中心机房位于吉林省吉林市丰满区，采用热管-蒸气压缩复合冷却系统。

该数据中心在室外温度较低时，利用热管模式大幅度提高机房内与室外的输配系数；在过渡时间段，利用换热器和变频压缩机实现无级切换，在保障末端安全条件下，提高免费冷源的利用量；在机房内利用背板、列间空调提高机房内的输配系数。

通过测试计算，此数据中心机房的冷却系统全年能效 COP 为 8.71，全年 PUE 为 1.15。

第8章 国家及地方对数据中心
建设相关政策走向及相关标准

8.1 2019国家相关部门发布的有关数据中心
建设及管理相关政策、规范等部分内容介绍

2019年度，对于数据中心建设，国家持续强调了"绿色"的理念，出台了有具体实施意义的指导意见，这表明了数据中心安全运行与节能的重要性。绿色数据中心的建设要从设计阶段就介入，将绿色设计、绿色施工、绿色运维、绿色改造等理念贯穿数据中心建设全周期当中，加快绿色新技术新产品的推广和应用，提升绿色服务能力，从能源布局到云端架构，从运营管理到第三方服务，都有了详细的推进措施。

具体措施中明确了建立健全数据中心标准评价体系和能源资源监管体系，打造一批绿色数据中心先进典型，培育一批专业第三方绿色服务机构，形成一批具有创新性的绿色技术产品和解决方案。

1.2019年1月12日工业和信息化部、国家机关事务管理局、国家能源局发布《关于加强绿色数据中心建设的指导意见》

主要内容：

建立健全绿色数据中心标准评价体系和能源资源监管体系，打造一批绿色数据中心先进典型，形成一批具有创新性的绿色技术产品、解决方案，培育一批专业第三方绿色服务机构。到2022年，数据中心平均能耗基本达到国际先进水平，新建大型、超大型数据中心的电能使用效率值达到1.4以下，高能耗老旧设备基本淘汰，水资源利用效率和清洁能源应用比例大幅提升，废旧电器电子产品得到有效回收利用。

（1）提升新建数据中心绿色发展水平

1）强化绿色设计

加强对新建数据中心在IT设备、机架布局、制冷和散热系统、供配电系统以及清洁能源利用系统等方面的绿色化设计指导。鼓励采用液冷、分布式供电、模块化机房以及虚拟化、云化IT资源等高效系统设计方案，充分考虑动力环境系统与IT设备运行状态的精准适配；鼓励在自有场所建设自然冷源、自有系统余热回收利用或可再生能源发电等清洁能源利用系统；鼓励应用数值模拟技术进行热场仿真分析，验证设计冷量及机房流场特性。引导大型和超大型数据中心设计电能使用效率值不高于1.4。

2）深化绿色施工和采购

引导数据中心在新建及改造工程建设中实施绿色施工，在保证质量、安全基本要求的同时，最大限度地节约能源资源，减少对环境的负面影响，实现节能、节地、节水、节材和环境保护。严格执行《电器电子产品有害物质限制使用管理办法》和《电子电气产品中

限用物质的限量要求》GB/T 26572 等规范要求，鼓励数据中心使用绿色电力和满足绿色设计产品评价等要求的绿色产品，并逐步建立健全绿色供应链管理制度。

（2）加强在用数据中心绿色运维和改造

1）完善绿色运行维护制度

指导数据中心建立绿色运维管理体系，明确节能、节水、资源综合利用等方面发展目标，制定相应工作计划和考核办法；结合气候环境和自身负载变化、运营成本等因素科学制定运维策略；建立能源资源信息化管控系统，强化对电能使用效率值等绿色指标的设置和管理，并对能源资源消耗进行实时分析和智能化调控，力争实现机械制冷与自然冷源高效协同；在保障安全、可靠、稳定的基础上，确保实际能源资源利用水平不低于设计水平。

2）有序推动节能与绿色化改造

有序推动数据中心开展节能与绿色化改造工程，特别是能源资源利用效率较低的在用老旧数据中心。加强在设备布局、制冷架构、外围护结构（密封、遮阳、保温等）、供配电方式、单机柜功率密度以及各系统的智能运行策略等方面的技术改造和优化升级。鼓励对改造工程进行绿色测评。力争通过改造使既有大型、超大型数据中心电能使用效率值不高于 1.8。

3）加强废旧电器电子产品处理

加快高耗能设备淘汰，指导数据中心科学制定老旧设备更新方案，建立规范化、可追溯的产品应用档案，并与产品生产企业、有相应资质的回收企业共同建立废旧电器电子产品回收体系。在满足可靠性要求的前提下，试点梯次利用动力电池作为数据中心削峰填谷的储能电池。推动产品生产、回收企业加快废旧电器电子产品资源化利用，推行产品源头控制、绿色生产，在产品全生命周期中最大限度提升资源利用效率。

（3）加快绿色技术产品创新推广

1）加快绿色关键和共性技术产品研发创新

鼓励数据中心骨干企业、科研院所、行业组织等加强技术协同创新与合作，构建产学研用、上下游协同的绿色数据中心技术创新体系，推动形成绿色产业集群发展。重点加快能效水效提升、有毒有害物质使用控制、废弃设备及电池回收利用、信息化管控系统、仿真模拟热管理和可再生能源、分布式供能、微电网利用等领域新技术、新产品的研发与创新，研究制定相关技术产品标准规范。

2）加快先进适用绿色技术产品推广应用

加快绿色数据中心先进适用技术产品推广应用，重点包括：①高效 IT 设备，包括液冷服务器、高密度集成 IT 设备、高转换率电源模块、模块化机房等；②高效制冷系统，包括热管背板、间接式蒸发冷却、行级空调、自动喷淋等；③高效供配电系统，包括分布式供能、市电直供、高压直流供电、不间断供电系统 ECO 模式、模块化 UPS 等；④高效辅助系统，包括分布式光伏、高效照明、储能电池管理、能效环境集成监控等。

（4）提升绿色支撑服务能力

1）完善标准体系

充分发挥标准对绿色数据中心建设的支撑作用，促进绿色数据中心提标升级。建立健全覆盖设计、建设、运维、测评和技术产品等方面的绿色数据中心标准体系，加强标准宣贯，强化标准配套衔接。加强国际标准话语权，积极推动与国际标准的互信互认。以相关测评标准为基础，建立自我评价、社会评价和政府引导相结合的绿色数据中心评价机制，探索形成公开透明的评价结果发布渠道。

2）培育第三方服务机构

加快培育具有公益性质的第三方服务机构，鼓励其创新绿色评价及服务模式，向数据中心提供咨询、检测、评价、审计等服务。鼓励数据中心自主利用第三方服务机构开展绿色评测，并依据评测结果开展有实效的绿色技术改造和运维优化。依托高等院校、科研院所、第三方服务机构等建立多元化绿色数据中心人才培训体系，强化对绿色数据中心人才的培养。

（5）探索与创新市场推动机制

鼓励数据中心和节能服务公司拓展合同能源管理，研究节能量交易机制，探索绿色数据中心融资租赁等金融服务模式。鼓励数据中心直接与可再生能源发电企业开展电力交易，购买可再生能源绿色电力证书。探索建立绿色数据中心技术创新和推广应用的激励机制和融资平台，完善多元化投融资体系。

2. 2019 年 5 月工业和信息化部信息通信发展司发布《全国数据中心应用发展指引（2018）》

主要内容：

根据《发展指引》，截至 2017 年底，我国在用数据中心的机架总规模达到了 166 万架，与 2016 年底相比，增长了 33.4%。超大型数据中心共计 36 个，机架规模达到 28.3 万架；大型数据中心共计 166 个，机架规模达到 54.5 万架，大型、超大型数据中心的规模增速达到 68%。全国数据中心能效水平进一步提升，在用超大型数据中心平均 PUE 为 1.63，大型数据中心平均 PUE 为 1.54，其中 2013 年后投产的大型、超大型数据中心平均 PUE 低于 1.50。全国规划在建数据中心平均设计 PUE 为 1.5 左右，超大型、大型数据中心平均设计 PUE 分别为 1.41 和 1.48。

从全国布局情况来看，北京、上海、广州、深圳等一线城市数据中心规模增速放缓，其周边地区数据中心规模快速增长，网络质量、建设等级及运维水平进一步提升，逐步承接一线城市应用需求。西部地区数据中心网络、运维质量不断完善，冷存储业务、离线计算业务开始上线，数据中心利用率正在不断提高。

为进一步促进全国各地区数据中心供需对接，方便数据中心用户查询可用资源，《发展指引》发布的数据中心机架数量、PUE、利用率、接入网络、绿色等级等情况，可通过访问全国数据中心信息开放平台（http://www.odcc.org.cn/idcchina）获取。

3. 2019 年 6 月工业和信息化部印发《数据中心能效专项监察工作手册》

主要内容：

为贯彻工业和信息化部节能监察工作部署，落实年度工业节能监察重点工作计划，完成数据中心能效专项监察工作，制定《数据中心能效专项监察工作手册》。

（1）监察对象和内容

1）监察对象

各省纳入重点用能单位管理的数据中心（建议其年用电量不低于 1000 万 kWh），以及受各省公共机构管理部门委托进行监察的公共机构领域重点数据中心。

2）监察内容

按照《数据中心资源利用第 3 部分：电能能效要求和测量方法》GB/T 32910.3-2016

等标准，核算电能使用效率，检查能源计量器具配备情况。

（2）执行标准及能效计算

1）执行标准《数据中心资源利用第 3 部分：电能能效要求和测量方法》GB/T 32910.3-2016；《用能单位能源计量器具配备和管理通则》GB 17167-2006；《综合能耗计算通则》GB/T 2589-2008 等。

2）数据中心能耗统计范围

数据中心总电能消耗：维持数据中心正常运行所消耗所有电能的总和，包括信息设备、制冷设备、供配电系统和其他辅助设施的耗电量。

数据中心信息设备电能消耗：数据中心内各类信息设备所消耗电能的总和。

3）数据中心电能使用效率计算

数据中心电能使用效率按照《数据中心资源利用第 3 部分：电能能效要求和测量方法》GB/T 32910.3-2016 标准中规定的标准能耗测量方法进行测量，按照标准中 EEUE 实测值的计算公式计算数据中心电能使用效率。

8.2　地方相关政策

2019 年中国各地对于数据中心建设的管理呈现出新的态势，有效控制建设规模和严格要求省能成为重要的诉求。各地出台的指导意见中均明确提出了控制数据中心建设总量及节能的具体量化指标，支持采用新技术提升设备能效，提高资源综合利用率。

对于已建数据中心的节能改造，各地也提出了具体的整改要求，主要集中在降低能耗方面，鼓励从降低 PUE 的技术措施上寻找替代技术和解决方案，并对于达成节能目标的项目给予具体的支持。

1.2019 年 1 月上海市经济和信息化委员会、上海市发展和改革委员会发布《加强本市互联网数据中心统筹建设的指导意见》

主要内容：

（1）主要目标：有效控制互联网数据中心建设规模和用能总量，推动高质量发展、创造高品质生活，助力城市能级和核心竞争力的提升，到 2020 年，全市互联网数据中心新增机架数严格控制在 6 万架以内；坚持用能限额，新建互联网数据中心 PUE 值严格控制在 1.3 以下，改建互联网数据中心 PUE 值严格控制在 1.4 以下。

（2）建设导向：本市互联网数据中心建设按照"满足必需、总量最小"的调控要求，坚持"应用服务高端、新增规模严控、资源利用高效"的导向。

（3）规模布局：本市新建互联网数据中心，单项目规模原则上应不低于 3000 个机架，且平均单机架功率不低于 6kW。项目建设宜在外环以外区域，既有工业区优先，严格禁止在中环以内区域新建；确需在中外环之间新建的，遵循一事一议从严要求。新建项目应达到一定的经济密度，单位土地税收不应低于所在园区或所在区域平均水平。

（4）资源利用：与本市电力、供水等资源发展相结合，加强先进节能技术导入，支持采用整机柜、模块化和液冷等技术提升 IT 设备能效；加强资源综合利用，提高单位面积功率密度，鼓励采用错峰储能、余热利用、自然冷源、高压直流、太阳能、风能等技术。

2. 2019 年 4 月深圳市发改委发布《深圳市发展和改革委员会关于数据中心节能审查有关事项的通知》

主要内容：

（1）建立并完善能源管理体系。包括按季度上报能源利用状况分析报告，重点用能单位建设能耗在线监测系统等。

（2）实施减量替代。促进老旧数据中心绿色化改造。新建数据中心要按照"以高（能效）代低、以大（规模）代小、以新（技术）代旧"的方式，严控数据中心的能源消费新增量。

（3）强化技术引导。跟进 PUE 的高低，对新增能源消费量给予不同程度的支持。PUE 为 1.4 以上的数据中心不享有支持，对于 PUE 为 1.35～1.40（含 1.35）的数据中心，新增能源消费量可给予实际替代量 10％及以下的支持；对于 PUE 为 1.30～1.35（含 1.30）的数据中心，可给予 20％及以下的支持；对于 PUE 为 1.25～1.30（含 1.25）的数据中心，可给予 30％及以下的支持；对于 PUE 低于 1.25 的数据中心，可给予 40％及以上的支持。

3. 2019 年 6 月上海市经济信息化委关于印发《上海市互联网数据中心建设导则（2019版）》

主要内容：

严控本市互联网数据中心（以下简称 IDC）规模、布局和用能，坚持"限量、绿色、集约、高效"，在满足必须和限制增量的前提下，建设"存算一体，以算为主"的高水平IDC，为推动高质量发展、创造高品质生活，提升城市能级和核心竞争力提供坚实有力的信息基础设施支撑。

在本市建设 IDC 应满足以下要求：

（1）功能定位方面：服务城市功能性、枢纽型、创新型等基础平台建设，支撑人工智能、大数据、工业互联网、金融服务等重点产业发展，促进城市管理和社会治理智能化水平提升等重大项目应用。申报主体需提供符合以上功能定位的明确的业务需求清单及相关意向协议。

（2）选址布局方面：严禁本市中环以内区域新建 IDC，原则上选择在外环外符合配套条件的既有工业区内，采用先进节能技术集约建设，并兼顾区域经济密度要求。申报主体需提供相关土地权利证书或房屋租赁合同。

（3）资历资质方面：鼓励基础电信运营商、大型 IDC 专业运营商、专业云服务商（含大型人工智能专业服务企业）申报。申报主体须持有国家或本市办法的 IDC 运营许可，具备专业的管理和运营团队，具有大规模数据中心运营经验，未发生过重大安全事故，在本市有优质、长期、稳定的运营服务能力。

（4）设计指标方面：单项目规模应控制在 3000～5000 个机架，平均机架设计功率不低于 6kW，机架设计总功率不小于 18000kW。PUE 值严格控制不超过 1.3。

（5）评估监测方面：社保主题应于立项前做好项目论证，并按本导则要求开展自评估。投入运行前应完成能效检测配套设施建设，并对接本市相关能效监测管理平台。

（6）满足本导则提出的其他要求。

本市建设 IDC，制冷节能应符合以下要求：

（1）空调制冷设备应优先选用配置变频、变容量冷却设备，模块化冷水机组，冷却系统能效比应满足 PUE 指标控制的要求。

（2）应使用各种创新技术提高制冷效率，包括但不限于外供冷、蓄冷技术、冷热通道密封、盲板密封、余热利用、热泵技术等。

（3）新风系统宜采用热回收方式或者独立预处理方式。

（4）宜充分利用自然冷源，全年自然冷源使用时间不宜低于 3000h。

8.3　《数据中心能效监测与评价技术导则》

2019 年 6 月 18 日，北京市市场监督管理局发布了《数据中心能效监测与评价技术导则》DB 11/T 1638-2019，该标准由中国建筑科学研究院有限公司和北京科技大学等单位联合起草，2019 年 10 月 1 日起实施。本节介绍该标准的主要内容。

1. 检查项目

检查项目应至少包括以下内容：

（1）能源管理规章制度；

（2）GB 17167 规定的能源计量器具配备率和准确度等级；

（3）能源记录台账和统计报表；

（4）能源技术档案（配电及计量系统图纸、计量器具台账、计量系统软件使用说明书等）；

（5）能耗数据定期统计分析结果。

2. 测试项目

测试项目包括：测量点电能。

3. 测试要求

（1）基本要求

宜使用固定计量仪表对数据中心能耗进行监测和记录，定时数据采集，采集频率不宜大于 1 次/h。

1）数据中心宜具备实时 PUE 计算和 PUE 统计功能，暂未具备 PUE 计算和 PUE 统计功能的，应采用人工抄表的方式记录数据中心能耗。

2）数据中心各测点数据记录格式参照附录 A 表数据中心数据采集表的规定。

（2）计量仪表

1）所用测试设备应满足监测项目的要求，并在检定或校准周期内。

2）测试过程中采用准确度等级为 1.0 级的电能计量仪表，并应具备数据输出接口，不应与供电部门计量仪表共用互感器，不应与计费电能表串接。

4. 测试内容

（1）测试边界

数据中心测试边界为 GB 50174 规定的主机房、支持区和辅助区，不包括行政管理区。

（2）测试点位置

测试仪表安装位置按以下要求布置：

数据中心总输入电能的测试位置应设置在变压器低压侧（见图 1 中的 A 点）。

数据中心信息设备电能消耗的测量位置应设置在信息设备供电回路中，应在 UPS 输出端供电回路安装计量表具（图 1 中的 B 点），也可在信息设备输入端安装计量表具，实现更精确计量。

各主要系统的能耗测试位置参见图 1。

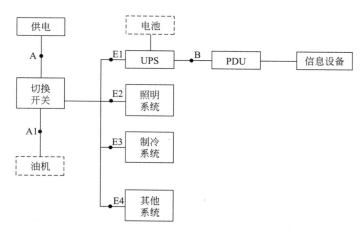

图 1　数据中心能耗监测点位置图

5.评价

（1）建立能耗计量系统的数据中心

建立能耗计量系统的数据中心，采集现场测试数据，与能耗计量系统实时显示的电能数据进行对比，若差值不超过±3％，则能耗计量系统的数据可用于电能使用效率的计算，选取上一年度能耗计量系统保存数据计算电能使用效率。若误差超过±3％，则能耗计量系统的数据不可用于电能使用效率的计算，不具备评价条件。

（2）未建立能耗计量系统的数据中心

未建立能耗计量系统但具备完整年份逐日电能抄表数据的数据中心，可采用实时电能抄表数据，与现场测量数据进行同期数据比对。

电能抄表数据包括但不限于市电输入端电能表、UPS 输入端电能表（需按比例核减损耗）、UPS 输出端电能表、列头柜电能表、电子信息设备专用变压器电能表等计量仪表的抄表数据。

若差值不超过±5％，则抄表数据可用于电能使用效率的计算，选取数据中心上一年度保存的历史抄表数据计算电能使用效率；若误差大于±5％，则抄表数据不可用于电能使用效率的计算，不具备评价条件。

（3）电能使用效率评价

1）电能使用效率计算值

电能使用效率计算值按式（1）计算：

$$PUE_{mea} = E_{Total}/E_{IT} \tag{1}$$

式中：PUE_{mea} 为数据中心电能使用效率计算值；E_{Total} 为数据中心上一年度电能总消耗，即图 1 中 A＋A1 点计量数据，kWh；E_{IT} 为数据中心上一年度信息设备电能消耗，即图 1 中 B 点计量数据，kWh。

2）电能使用效率调整值

电能使用效率调整值是根据影响数据中心电能使用的因素的不同，参照附录 B 对上述计算结果进行调整。

3）电能使用效率修正值

电能使用效率修正值按式（2）计算：

$$PUE_c = PUE_{mea} - PUE_a \tag{2}$$

式中：PUE_c 为数据中心电能使用效率修正值；PUE_a 为数据中心电能使用效率调整值（见附录 B）。

4）电能使用效率评价结论

应依据 DB11/T 1139 进行评价，并出具评价结论，见附录 C。

6. 节能措施

（1）完善能源计量体系

数据中心用能系统应按照 GB 17167 的规定配备电力计量器具，完善能源计量管理，定期维护和检定计量器具，能源计量数据应真实、准确、完整以及具备可溯源性。

（2）建立用能监测系统

数据中心应逐步建立用能监测系统。

（3）建立能效统计体系

数据中心应建立能源利用统计体系，建立能源效率测试、计算和评价结果的文件档案，并对文件进行受控管理。

附录 A 数据中心数据采集表

一、数据中心基本信息						
企业名称			数据中心名称			
机房建筑面积(m²)			建成投产年代			
数据中心设计机柜数目			数据中心等级	□A 级	□B 级	□C 级
信息设备负荷使用率		%	制冷形式	□风冷	□水冷	□其他

二、数据中心能耗数据采集					
记录时间	市电输入端电量(kWh)	PDU 输入端电量(kWh)	制冷系统输入端电量(kWh)	照明系统输入端电量(kWh)	信息设备负荷使用率(%)
××××年×月×日×:00					
××××年×月×日×:00					
......					

单位：(盖章)

年　　月　　日

编制：　　　　　　审核：　　　　　　批准：

附录 B 电能使用效率调整值（PUE_a）

调整因素		压缩机调整值	加湿调整值	新风调整值	UPS调整值	供电调整值	照明调整值	其他调整值	单一条件变化的 PUE 调整值
机房等级	A 级	0	0	0.02	0.06	0	0	0.02	0.1
	B 级	0	0	0	0	0	0	0	0
	C 级	0	−0.04	−0.08	−0.016	−0.004	0	−0.01	−0.15
制冷形式（水冷）	水冷		−0.11		0	0	0	0	−0.11
	风冷		0		0	0	0	0	0
信息设备负荷使用率	25%	0	0.18	0.38	0.7	0.06	0.06	0.06	1.44
	50%	0	0.06	0.1	0.22	0.02	0.02	0.02	0.44
	75%	0	0.02	0.03	0.09	0.007	0.007	0.007	0.161
	100%	0	0	0	0	0	0	0	0

附录 C 数据中心能源效率评价结论

编号：

评价单位		评价日期	
被评价单位		评价依据	
评价地点			

一、数据中心基本信息

机房建筑面积(m²)		机架数目(个)	
建设年代(以立项日期为准)	年　　月	信息设备负荷使用率	%
制冷形式	□风冷□水冷□其他	是否具备用能监测系统	□是□否
是否有年度抄表数据	□是□否	运行负载是否常年稳定	□是□否

二、现场测试记录

测试点		测试频率	
测试数据记录			

三、数据中心能源效率评价结果

数据中心年总耗电量(kWh)		数据来源	□用能监测系统 □电能计量表
电子信息设备年总耗电量(kWh)		数据来源	□用能监测系统 □电能计量表抄表原始记录 计量表位置： □UPS输入端电能表 □UPS输出端电能表 □列头柜电能表 □专用变压器电能表 □其他
电能利用效率计算值			
电能利用效率调整值			
电能利用效率修正值			
评价结果(合格/不合格)			

注：依据《数据中心能源效率限额》进行评价，PUE 值符合《数据中心能源效率限额》中限额值要求的数据中心为合格，否则为不合格。

编制：	审核：	批准：